JN017506

Frontiers in Physics 32

分光イメージング走査型トンネル顕微鏡

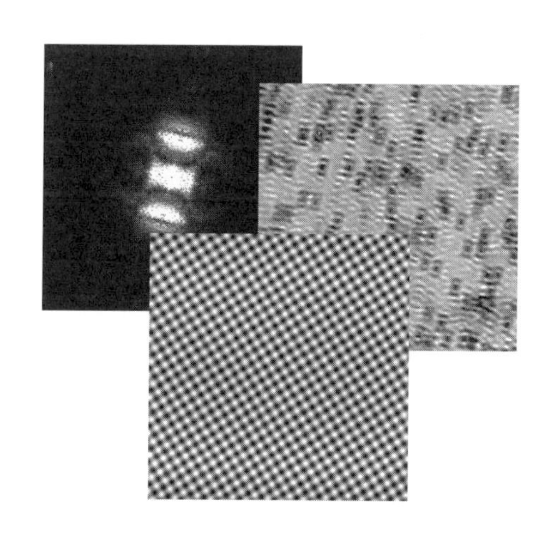

花栗哲郎
幸坂祐生 [著]

基本法則から読み解く物理学最前線

須藤彰三
岡　　真 [監修]

32

共立出版

刊行の言葉

近年の物理学は著しく発展しています．私たちの住む宇宙の歴史と構造の解明も進んできました．また，私たちの身近にある最先端の科学技術の多くは物理学によって基礎づけられています．このように，人類に夢を与え，社会の基盤を支えている最先端の物理学の研究内容は，高校・大学で学んだ物理の知識だけではすぐには理解できないのではないでしょうか．

そこで本シリーズでは，大学初年度で学ぶ程度の物理の知識をもとに，基本法則から始めて，物理概念の発展を追いながら最新の研究成果を読み解きます．それぞれのテーマは研究成果が生まれる現場に立ち会って，新しい概念を創りだした最前線の研究者が丁寧に解説しています．日本語で書かれているので，初学者にも読みやすくなっています．

はじめに，この研究で何を知りたいのかを明確に示してあります．つまり，執筆した研究者の興味，研究を行った動機，そして目的が書いてあります．そこには，発展の鍵となる新しい概念や実験技術があります．次に，基本法則から最前線の研究に至るまでの考え方の発展過程を“飛び石”のように各ステップを提示して，研究の流れがわかるようにしました．読者は，自分の学んだ基礎知識と結び付けながら研究の発展過程を追うことができます．それを基に，テーマとなっている研究内容を紹介しています．最後に，この研究がどのような人類の夢につながっていく可能性があるかをまとめています．

私たちは，一歩一歩丁寧に概念を理解していけば，誰でも最前線の研究を理解することができると考えています．このシリーズは，大学入学から間もない学生には，「いま学んでいることがどのように発展していくのか？」という問いへの答えを示します．さらに，大学で基礎を学んだ大学院生・社会人には，「自分の興味や知識を発展して，最前線の研究テーマにおける“自然のしくみ”を理解するにはどのようにしたらよいのか？」という問いにも答えると考えます．

物理の世界は奥が深く，また楽しいものです。読者の皆さまも本シリーズを通じてぜひ，その深遠なる世界を楽しんでください．

須藤彰三
岡　真

まえがき

1982年の発明以来，走査型トンネル顕微鏡 (STM) は，試料表面の個々の原子を解像できる高い空間分解能をもつ構造観察手法として広く用いられている．STMは，構造だけではなく，トンネル分光を用いて局所的な電子励起スペクトルを調べることもできるので，原理的には電子状態の空間分布を原子分解能で描き出すことが可能になる．この「分光イメージング走査型トンネル顕微鏡」(SI-STM) のコンセプトは，STMの発明当初から認識されていたが技術的困難さからなかなか実現せず，2000年代に入ってようやく実用化された．

SI-STM実用化の大きな原動力は，銅酸化物高温超伝導体の研究であった．この異常な高温で超伝導を示す物質群の電子状態を理解するために，新しい手法が次々に試されるとともに，様々な実験技術が著しく発達した．SI-STMの技術も，銅酸化物高温超伝導体の研究の過程で磨き上げられ，その複雑な電子状態を浮き彫りにしただけでなく，超伝導状態における準粒子干渉効果のような新しい現象の発見をもたらした．また，これらの研究により，装置技術だけでなく，データ解析技術も著しく発展した．このようにして発達したSI-STMは，現在では鉄系超伝導体，トポロジカル絶縁体，原子層物質など広範な物質に適用され，電子状態解析の基本ツールとしての地位を確立している．

一方，通常のSTMに関しては多くの入門書が出版されているのに対し，SI-STMを実現しデータを解釈するために必要な技術は，これまで系統的に解説されたことがなかったと思われる．本書では，これらのノウハウを基礎から紹介するとともに，エキゾチックな物性を示す物質の電子状態の情報がSI-STMによってどのように得られるのかを解説する．限られた紙数のために紹介できなかった研究や，詳細に関する説明を省略せざるを得なかった項目も多々あるが，足りない項目に関しては参考文献からたどれるように配慮したつもりである．執筆にあたっては，第 4 章の 4.1.2 項以降と第 5 章を幸坂が，その他を花栗が担当し，両名で全体の内容を検討した．

SI-STM の実験は，電子状態解析における強力で重要な手法であるだけでなく，プリミティブな琴線に触れる魅力をもっている．美しい原子配列，欠陥や渦糸周辺の特徴的モチーフ，解析によって現れるユニークなパターンなど，SI-STM は人間が直接見ることのできない驚くべき自然の造形を可視化してくれる．本書で紹介できた SI-STM の威力と魅力は限られているが，本書が学部生・大学院生・若手研究者の方々の SI-STM に対する興味のきっかけとなれば，筆者の望外の喜びである．

本書の内容は多くの先達からのご指導や，様々な共同研究に基づいています．すべての方々のお名前を挙げるには紙幅が足りませんが，特に，筆者両名を SI-STM の世界に導いていただいた，北澤宏一先生，高木英典先生，J. C. Séamus Davis 先生に心より感謝いたします．また，本書で紹介した実験と解析に直接関わり，多くの有益な議論をしていただいた，町田理博士，Christian Lupien 博士，岩谷克也博士，付英双博士，川村稔博士，Christopher J. Butler 博士，安井勇気博士に御礼申し上げます．最後になりますが，本書執筆の機会を与えていただいた須藤彰三先生に深く感謝いたします．

2023 年 10 月　　　　花栗哲郎・幸坂祐生

目　次

第1章 はじめに

物質のもつほとんどすべての性質や機能は，物質中の電子の振る舞いに還元することができる．電子は電荷 $e = 1.602\,176\,634 \times 10^{-19}\,\mathrm{C}$ とスピン 1/2 という 2 つの重要な属性をもち，たとえば，電気伝導は電荷の運動に，磁性はスピンや電子の軌道運動に帰着される．したがって，現代の物性物理学において，物性の理解とは，物質中の電子状態を知ることに他ならない．

電子を記述する量子力学の体系はすでに確立しているので，電子状態は原理的には計算可能であり，それを基にして物性予測を行うことが可能なはずである．しかし，現実には，物質中の電子の数はおよそ $10^{23}\,\mathrm{cm}^{-3}$ と膨大であり，しかも個々の電子は他の電子や原子核と相互作用する．このような超多体系の物性を，第一原理的計算から予測することは簡単ではない．

電子間相互作用が十分弱ければ，バンド理論を基礎とする様々な理論手法や計算手法の発達によって精緻な物性予測が可能になってきている．しかし，超伝導や磁気秩序といった，電子間相互作用が本質的に重要な電子多体系ならではの創発現象を定量的に予言する手法は，未だに確立しているとは言い難い．そのため，このような強相関電子系の研究では，実験的に電子状態を知ることがとりわけ重要になる．

理論的アプローチが通常，原理から出発して演繹的に電子状態や物性の予言を目指すのに対し，実験では帰納的アプローチがとられることが多い．すなわち，まず電気抵抗，磁化，といった巨視的物性測定によって現象を探索してその特徴を把握し，その後，光応答，磁気共鳴，中性子散乱といった，電子状態をより詳細に知ることができる分光学的・微視的な計測法を用いた実験が行われる．本書では，このような計測法の中でも，角度分解光電子分光（本シリーズ第 16 巻「ARPES で探る固体の電子構造」[1] 参照）と並んで，電子（正確には準粒子）励起スペクトルを直接観測することのできる強力な手法である分光イメージング走査型トンネル顕微鏡とその応用について解説する．

1982年にゲルト・ビニッヒ (Gerd Binnig) とハインリッヒ・ローラー (Heinrich Rohrer) によって発明された走査型トンネル顕微鏡 (Scanning Tunneling Microscope, STM) は，原子1つ1つを解像できる高い空間分解能で，試料表面の凹凸像（STM像）を得ることができるだけでなく，試料表面の任意の位置でμeVに及ぶ高いエネルギー分解能でトンネル分光測定を行うこともできる (Scanning Tunneling Spectroscopy, STS) [2]．これら2つの特徴を組み合わせることをSTM/STSとよぶ．STM/STSの極北というべき実験手法が分光イメージング走査型トンネル顕微鏡 (Spectroscopic-Imaging Scanning Tunneling Microscopy, SI-STM) である．SI-STMでは，原子分解能のSTM像のすべての画素でSTSを行い，電子励起スペクトルのエネルギー依存性・空間依存性のデータを一気に取得する．本書では，どうやってSI-STMを実現するのか，どのような情報が得られるのか，どのような問題に適用できるのか，今後どのような展開が期待できるのか，基礎から順を追って解説する．

まず，第2章でSTM/STSの原理とSI-STMについて概説した後，第3章でSI-STMを実現するために必要な技術について述べる．SI-STMで得られる分光情報は，通常のSTM/STSで得られる情報に比べて量的にも質的にも豊かである一方，その解析には様々な注意を払う必要がある．このようなデータ解析の基礎について第4章で説明する．第5章では，SI-STMを利用して電子状態解析を行う上で重要な役割を果たす準粒子干渉効果について述べる．第6章，第7章，第8章では実際の応用として，銅酸化物高温超伝導体，鉄系超伝導体，極端条件下における測定例をそれぞれ紹介する．最後に第9章で，今後の期待される展開について述べる．

第2章 走査型トンネル顕微鏡/分光 (STM/STS)

2.1 固体の電子状態と電子分光

多くの場合，物性を理解する上で重要となるのは個々の電子の状態ではなく，電子集団に関する統計的な情報である．とりわけ，電子系のもつ最大のエネルギーであるフェルミエネルギー ϵ_{F} 近傍におけるエネルギー ϵ ごとの電子（準粒子）の状態数，すなわち状態密度スペクトル $\rho(\epsilon)$ は，物性と直接関係している．たとえば，$\rho(\epsilon_{\mathrm{F}})$ が有限であれば金属であるが，$\rho(\epsilon_{\mathrm{F}}) = 0$ であれば，半導体，もしくは絶縁体となる．

フェルミエネルギー近傍の状態密度スペクトルは，電子間相互作用や，それによって引き起こされる電子秩序の特徴も反映する．たとえば，第6章で詳しく述べるように，超伝導状態では電子が対になり，フェルミエネルギー近傍の状態密度スペクトルに超伝導ギャップが開く．この超伝導ギャップの特徴を調べることによって，対形成に関わる電子間相互作用に関する情報が得られる．

このように，物性の微視的理解にとって，状態密度スペクトルの情報は不可欠である．しかし，状態密度スペクトルに比例した物理量を直接測定する実験である電子分光の手法は，非常に限られている．電子分光では，フェルミエネルギーよりエネルギーの低い占有状態から電子を引き抜いたり，フェルミエネルギーよりエネルギーの高い非占有状態に電子を付け加えたりするプロセスが必要になる．このような手法として，現在のところ，光電効果を利用する光電子分光と，試料に電流を流すことによって電子の出し入れを行うトンネル分光の2つが知られている．光電子分光では，単色光を試料に照射し，外部光電効果で放出される光電子強度の運動エネルギーに対する分布を調べて状態密度スペクトルを決定する．この手法では，非占有状態の測定ができないという難点があるものの [1]，光電子強度のエネルギーに対する分布に加えて，試料の結晶軸に対する光電子の放出角度分布を調べることで，電子が固体中でもつ波数に関する情報を得ることができる．これは角度分解光電子分光 (Angle-Resolved PhotoEmission Spectroscopy, ARPES) とよばれ，バンド分散を直接観測する手法として重要である [1].

一方，トンネル分光では，図 2.1 に示すように，絶縁膜を挟んで試料と金属電極を接合した構造（トンネル接合）を利用する．絶縁膜は電子に対するポテンシャルバリアとしてはたらき，バリアの両端の試料表面と電極の間にはバイアス電圧を印加することができる．この際，絶縁膜が十分に薄ければ（1 nm 程度），トンネル効果によって電子はバリアを通り抜け，電極試料間にトンネル電流が流れる（図 2.2）．これは，バイアス電圧 V を変化させることによって，エネルギー $\epsilon = eV$（e は素電荷）を制御して試料に電子を出し入れできることを意味しており [2]，後述するように接合の微分コンダクタンス（トンネルコンダクタンス）の測定から，占有状態・非占有状態を問わず，状態密度スペクトルの評価ができる．

光電子分光とトンネル分光は，様々な点で相補的である．まず，両者がカバーするエネルギー領域は重なってはいるものの，異なっている．光電子分光では，X 線のようなエネルギーの高い光を用いることで，keV オーダーの結合エネルギーをもつ原子の内核電子の状態まで調べることができるのに対し，トンネル分光では，絶縁膜に印加できる電圧が高々数 V なので，得られる情報はフェルミエネルギー近傍の数 eV の範囲に限られる．一方，エネルギー分解能に関しては，光電子分光の場合，現代の最も進んだ光電子分析装置を用いてもエネルギー分解能は数 10 μeV 程度であるのに対し，トンネル分光では，トンネル接

[1] エネルギー分解能が 0.1 eV 程度と低いが，電子を打ち込んで逆光電効果で出てくる光を利用して非占有状態を調べる逆光電子分光という手法も存在する．

[2] トンネル分光で得られるスペクトルの横軸は，V（ボルト）を単位としてバイアス電圧で表記される場合と，eV（電子ボルト）を単位としてエネルギーで表記される場合がある．両者のスケールは同じであるので相互変換は容易であるが，バイアス電圧を接合に対してどちらの方向に印加するかでエネルギーの符号は変化するので，注意が必要である．本書では，バイアス電圧表示を採用し，正のバイアス電圧は正のエネルギー，すなわち試料の非占有状態に対応するように定義する．

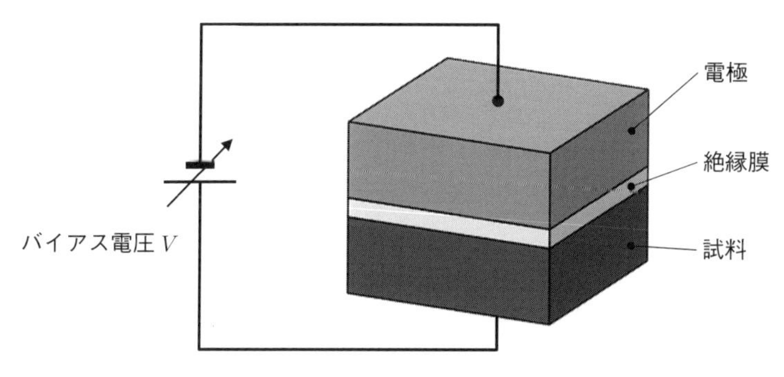

図 **2.1** トンネル接合の模式図.

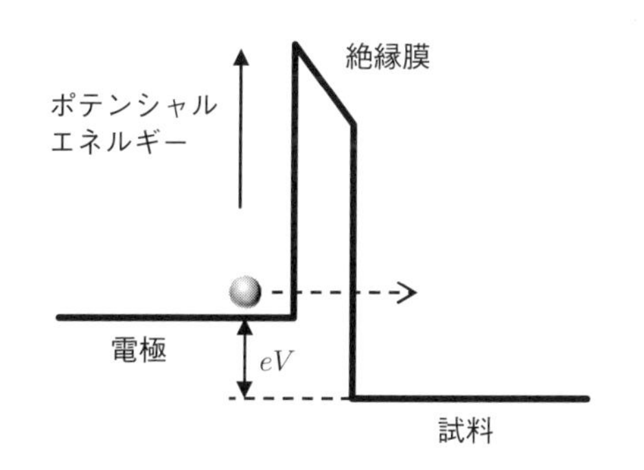

図 **2.2** 試料にバイアス電圧 V を印加したときの電子に対するポテンシャルの空間変化. 絶縁膜が十分に薄ければ, 電子はトンネル効果によってポテンシャルバリアを通過して電流が流れる.

合さえ作製できれば 1 μeV レベルの分解能が比較的容易に達成できる[3]. したがって, 広いエネルギー範囲の電子状態を調べるためには光電子分光が, フェルミエネルギー近傍の狭いエネルギー範囲を高いエネルギー分解能で研究するにはトンネル分光が, それぞれ適している.

また, 光電子分光法では, ARPES によって波数空間の分光情報が取得できるのに対し, トンネル分光法では, 次節で述べるように, STM を用いることで, 実空間分解能を付与できる. すなわち, ARPES と STM を併用すれば, 結晶全体に波として広がった電子の状態も, 不純物や欠陥に局在した電子の状態も, エ

[3] ここでのエネルギー分解能は, 装置による分解能を指しており, 実際は, 後述するように温度によるブロードニングがエネルギー分解能を支配することが多い.

ネルギー分解して分光学的に研究することが可能になるわけである．現代の実験物性物理学において，ARPES と STM は電子状態解析のための二大ツールになっており，高温超伝導やトポロジカル量子現象をはじめとする様々な現象の研究に応用されている．

このように，ARPES と STM の組合せによって，様々な分光情報を得ることが可能になるが，両者に共通する欠点として，試料表面の電子状態を選択的に測定してしまうことが挙げられる．そのため，表面で結晶の並進対称性が破れることによる対称性の低下や，原子の緩和・再構成が表面の電子状態に大きな影響を与える場合は，実験結果を基にバルクの電子状態を議論することがむずかしくなる．これは，状態密度スペクトルを測定するには，試料と外部との電子のやりとりが必要であり，その際に電子は必ず表面を経由するためであり，原理的に避けられない問題である．逆に，後述するトポロジカル絶縁体のように表面にのみ興味深い現象が現れる場合は，試料全体を測定する手法とは異なりバルクの影響を受けにくいので，ARPES，STM ともに強力な手法となる．

2.2　STM/STS の原理

STM/STS の基礎となるトンネル分光の原理から解説する．簡単のためにここでは温度の効果は無視し，絶対零度での状況を考える[4]．トンネル分光で測定する物理量であるトンネル電流を図 2.3 のエネルギーダイヤグラムを基に考えよう．図 2.3(a) のように電極のフェルミエネルギー $\epsilon_F^{(t)}$ と試料のフェルミエネルギー $\epsilon_F^{(s)}$ は一般には異なるが，電極と試料を電気的に短絡すると，両者のフェルミエネルギーを一致させるようにエネルギーが相対的に $\Delta\epsilon_F = \epsilon_F^{(s)} - \epsilon_F^{(t)}$ だけシフトする[5]．さらに，電極試料間にバイアス電圧 V を印加すると，図 2.3(b) のように電極と試料の間にエネルギー差 eV が生じる．これにより，フェルミ

[4] 現実の実験では，温度はエネルギー分解能を支配する重要な要因の 1 つである．温度の効果については，4.1.1 項で詳しく解説する．

[5] より一般的には，電極と試料を電気的に短絡した際に一致するのは，温度等に依存する化学ポテンシャルである．化学ポテンシャルが温度変化する場合の取り扱いは，4.1.1 項で説明する．

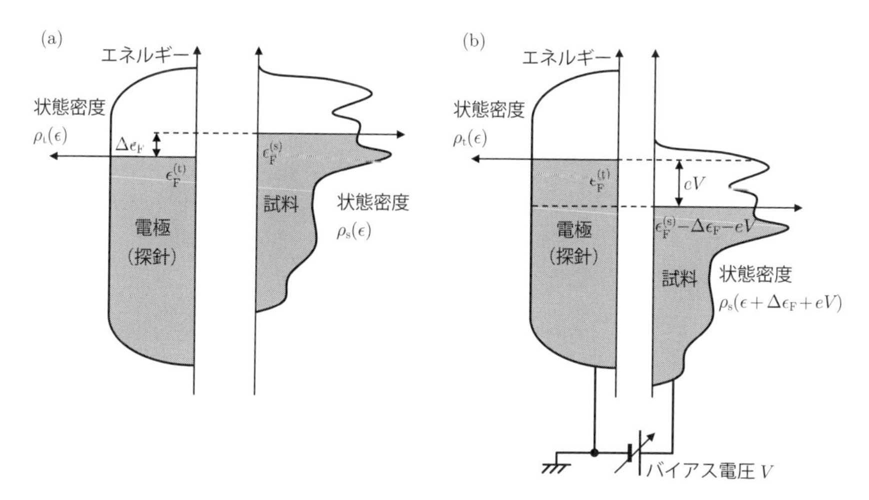

図 2.3 トンネル分光における，電極（探針）と試料の状態密度の模式図. (a) は，電極と試料が独立な状態，(b) は，電極と試料を接続し，試料にバイアス電圧 V を印加した状態. 塗りつぶしは電子で占められている状態を示す. (b) の点線で挟まれたエネルギー領域の電子がトンネルする.

エネルギー近傍の幅 eV のエネルギー領域にある電子が電極試料間を移動できるようになり，トンネル電流 $I(V)$ が流れる. $I(V)$ は，電極の状態密度 $\rho_t(\epsilon)$ と試料の状態密度 $\rho_s(\epsilon)$ の両方に関係するが，電極が単純な金属であれば，$\rho_t(\epsilon)$ は，フェルミエネルギー近傍の数 100 meV にわたってほぼ一定であるので，結局 $I(V)$ は，$\rho_s(\epsilon)$ を図 2.3(b) の点線で挟まれたエネルギー範囲で積分した量に比例する. 電極を基準にすると試料の状態密度は $\rho_s(\epsilon)$ から $\rho_s(\epsilon + \Delta\epsilon_F + eV)$ に変更を受けることを考慮して積分を書き下し，$\epsilon + \Delta\epsilon_F + eV \to \epsilon$ と変数変換すると $I(V)$ は，

$$I(V) \propto \int_{\epsilon_F^{(s)}-\Delta\epsilon_F-eV}^{\epsilon_F^{(t)}} \rho_s(\epsilon + \Delta\epsilon_F + eV)\,\mathrm{d}\epsilon = \int_{\epsilon_F^{(s)}}^{\epsilon_F^{(s)}+eV} \rho_s(\epsilon)\,\mathrm{d}\epsilon \tag{2.1}$$

と表される. したがって，

$$\frac{\mathrm{d}I(V)}{\mathrm{d}V} \propto \rho_s(\epsilon_F^{(s)} + eV) \tag{2.2}$$

となり，微分コンダクタンス $\mathrm{d}I/\mathrm{d}V$ が，試料のフェルミエネルギーから eV だ

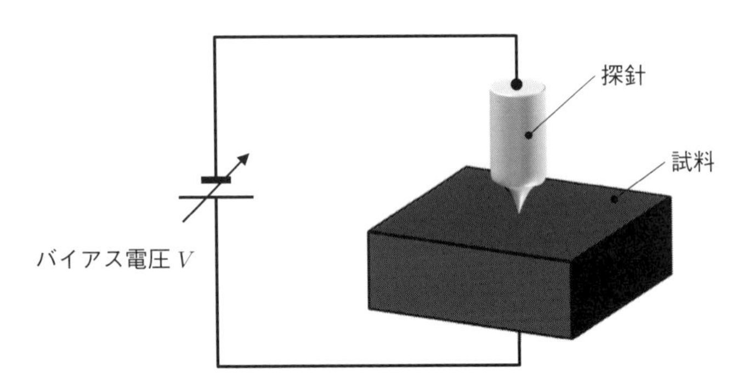

図 2.4　STM の模式図．電極が探針に，絶縁膜は探針試料間の真空ギャップに置き換わっているが，構成自体は図 2.1 のトンネル接合と同じである．

け離れたエネルギーにおける試料の状態密度に比例することがわかる [6]．すなわち，dI/dV の V 依存性から状態密度スペクトルを得ることができる [7]．これがトンネル分光である．

トンネル分光で得られるスペクトルは，トンネル接合全体で空間平均されたものであるが，特定の領域だけを覆うような小さなトンネル接合を作ることができれば，その位置だけの局所的な状態密度スペクトルを知ることができる．究極的には，原子レベルの大きさの接合を用いれば，個々の原子ごとの電子状態を調べることが可能になるであろう．STM では，電極として鋭くとがらせた金属探針の先端を用いることで，このような実験を可能にする（図 2.4）．トンネル接合が固定されていると場所依存性を研究することはできないが，STM では，トンネルバリアとして絶縁膜ではなく探針試料間の真空ギャップを利用するので，探針の自由な移動が可能である．したがって，試料表面の任意の位置 $\boldsymbol{r}$ における局所的な分光測定，すなわち STS を行うことができるようになり，エネルギーに加えて空間分解した状態密度スペクトル $\rho_{\mathrm{s}}(\boldsymbol{r}, \epsilon)$ が得られる．$\rho_{\mathrm{s}}(\boldsymbol{r}, \epsilon)$ は，局所状態密度とよばれている．このように，原子レベルの空間分解能で得られたスペクトルは，様々な波数成分をもった電子の情報を含んでいる

---

6) このため，微分コンダクタンススペクトルの横軸の原点 ($V = 0$) は，試料のフェルミエネルギーに対応する．

7) 図 2.3(b) のように，電極を基準として試料側にバイアス電圧 V を印加すれば，$V < 0$ が占有状態，$V > 0$ が非占有状態にそれぞれ対応する．

ので，波数空間では平均化されたスペクトルである[8]．

STM は分光装置であると同時に，試料表面の構造を原子レベルの空間分解能で描き出すことのできる顕微鏡でもある．このような高い空間分解能が得られる理由は，トンネル電流が探針試料間距離 z に極めて敏感であるためである．V を一定にして z を変化させることを考える．これは，トンネルバリアの厚さを変えることに相当するので，I が変化する．バリアの高さは，探針と試料の仕事関数の平均 ϕ で近似できる．$V \ll \phi$ のとき，$I(z)$ は，WKB 近似の範囲で次のように書ける．

$$I(z) \propto \exp(-2\kappa z), \quad \kappa = \frac{\sqrt{2m_\mathrm{e}\phi}}{\hbar} \tag{2.3}$$

すなわち，トンネル電流は z の変化に伴って指数関数的に変化する．ここで，m_e は電子の質量，$\hbar$ は換算プランク定数である．ϕ は通常数 eV であるので，κ は典型的には $10\,\mathrm{nm}^{-1}$ 程度になる．すなわち，z が 0.1 nm 変化しただけで，I は約 1 桁も変化することになる．

STM で表面構造の情報を得る方法には 2 種類ある．試料表面上のある位置 $\boldsymbol{r}$ において，トンネル電流 I が流れているとしよう．ここで，表面垂直方向の探針位置（つまり探針の高さ）を固定し，探針を試料表面上で走査すると，z は表面の凹凸に従って変化し，それに応じて I も変化するであろう．したがって，I を位置 $\boldsymbol{r}$ の関数としてマッピングすることで，試料表面の凹凸を反映した STM 像を得ることができる．このような像を，定高さモードの STM 像とよぶ（図 2.5(a)）．

定高さモードは，高速走査が可能である反面，熱的・機械的ドリフトの影響を受けやすい上，表面に大きな凸構造があると，そこに探針がぶつかる危険性がある．そこで，通常は，z を操作端として I を一定に保つようなフィードバック制御を行いながら探針を走査し，$\boldsymbol{r}$ の関数として z を記録して画像化する方法がとられる．このような測定は定電流モードとよばれ，定高さモードと異なり，得られる STM 像は凹凸そのものを反映する（図 2.5(b)）．以下では，特に

---

[8] 実際には，様々な原因によってトンネル過程に波数選択性が現れる可能性があり，完全に波数平均されたものにはならない．原理的には，位置分解能が上がれば，不確定性原理によって波数分解能は失われることになる．

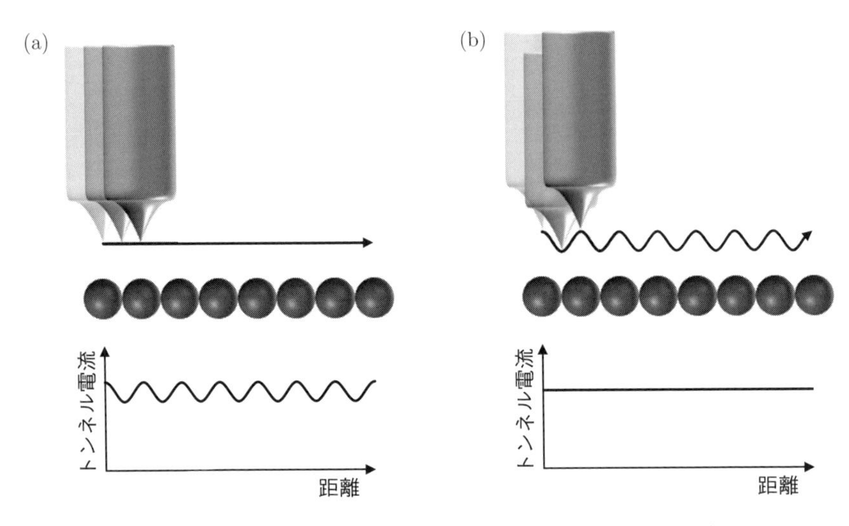

図 2.5　STM の 2 つの表面凹凸像観測モード．(a) 定高さモード．(b) 定電流モード．

断らない限り，STM 像は定電流モードで取得するものとする．例として図 2.6 に，定電流モードで観測したシリコン (111) 表面の STM 像を示す．ここで解像されている特徴的な構造の周期は，シリコン (111) 表面単位胞の 7×7 の大きさをもち，Dimer Adatom Stacking-fault (DAS) モデルとよばれる表面原子再構成モデル [3] でよく再現できることが知られている．歴史的には，この構造が STM で観測されたことにより，その有用性が広く認識されるようになった [4].

I の z 敏感性により，STM の z 方向の分解能は極めて高く，pm 程度の分解能を比較的容易に得ることができる．水平方向の空間分解能は，探針先端形状の影響を大きく受けるものの，十分に鋭い探針では個々の原子を識別するために必要な $10 \sim 100\,\mathrm{pm}$ 程度を実現することが可能である．このような高い水平方向分解能が得られる理由も I の z 敏感性に関係している．探針先端を構成する原子のなかで，表面に最も近い原子と次に近い原子の間隔は，典型的な固体の原子間隔である $0.1\,\mathrm{nm}$ 程度になるであろう．このような場合，I は最先端の原子に集中するので，最先端に原子が 1 つだけあるような探針を準備することができれば，水平方向に原子レベルの高い空間分解能が得られるわけである．

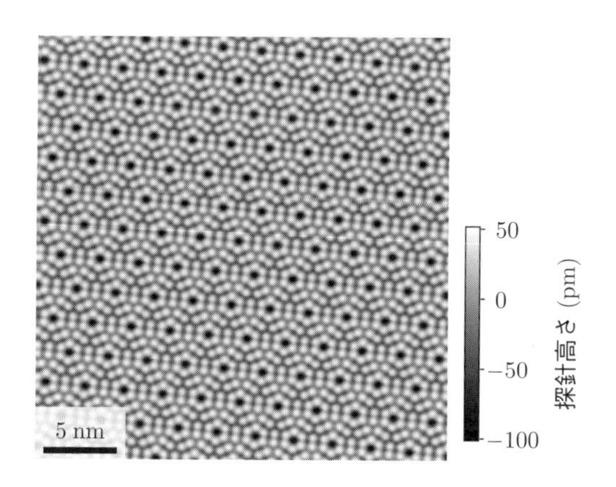

図 2.6 試料にバイアス電圧 1 V を印加し，トンネル電流 1 nA の定電流モードで取得した，シリコン (111) − 7 × 7 再構成表面の STM 像．測定温度：4.5 K.

第 3 章と第 8 章で詳しく述べるように，STM のユニットは比較的コンパクトに作ることが可能であるために，スペースに制限がある低温・強磁場といった極限環境でも動作させることができる．低温環境は，熱によるブロードニング効果（4.1.1 項参照）を抑制してトンネル分光のもつ高いエネルギー分解能を活かすためには必須である．また，ARPES は光電子の軌道に影響するために磁場中では使えないので，強磁場下での状態密度スペクトルの研究に果たす STM/STS の役割は大きい．

2.3 分光イメージング走査型トンネル顕微鏡 (SI-STM)

STM を用いることによって，試料表面における個々の原子の配列・格子欠陥・原子ステップなどを観察することが可能になる．このような表面構造を把握した上で，任意の位置に探針を移動させて STS を行うことで，原子レベルで位置を特定した局所状態密度 $\rho_s(\boldsymbol{r}, \epsilon)$ の情報を得ることができる．このような STM/STS は，それだけでも強力であるが，SI-STM は，STM 像のすべての画素で STS を行うことで，局所状態密度のエネルギー依存性と空間依存性のデータを一気に取得する手法である．図 2.7 に，シリコン (111) 表面で行った SI-STM

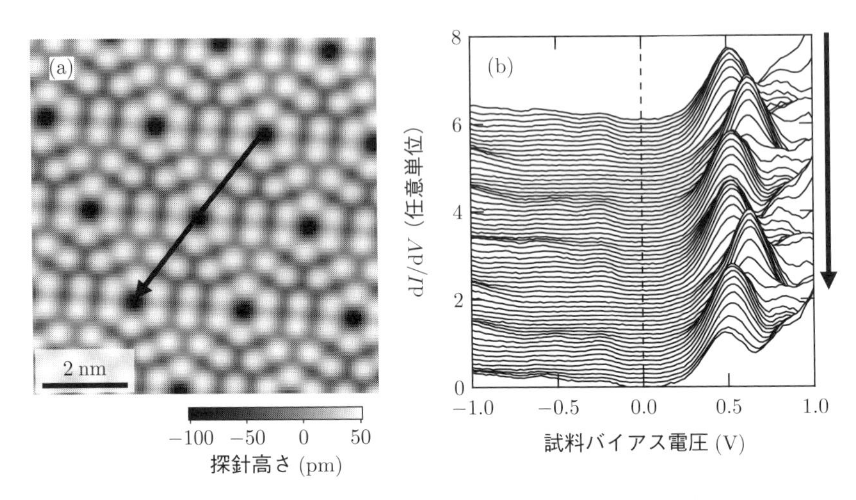

図 2.7　シリコン (111) − 7 × 7 再構成表面の SI-STM. (a) に示す STM 像のすべての画素で STS を行っている. 矢印で示したパス上で取得された一連の微分コンダクタンススペクトルを, (b) に縦方向にオフセットをつけて示している.

の例を示す. 7 × 7 の表面単位胞の中で, 微分コンダクタンススペクトルが変化していることがわかる.

SI-STM を行うと, 単に量的に多くの電子状態に関するデータが得られるだけでなく, $\boldsymbol{r}$ に関してフーリエ変換（4.2 節参照）を行うことで, 電子状態の実空間パターンのもつ特徴的波数を抽出することができる. 特に, 第 5 章で詳しく述べるように, 電子（準粒子）の干渉効果によって局所状態密度分布に現れる波状パターンをフーリエ解析すると, 実空間の手法である SI-STM のデータから, 準粒子分散関係という波数空間での情報を抽出することができる. 波数分解電子分光法としての SI-STM と ARPES を比較すると, SI-STM は, エネルギー分解能に優れていること, 磁場中の測定が可能なこと, 占有状態だけでなく非占有状態を調べることもできること, などの利点がある. 一方, 後述するように, 1 回の測定に長時間（数日以上）を要すること, データ解析が複雑であることは, SI-STM の欠点である. これらの欠点は, 原理的なものであり避けることはできないが, 次章以降で述べるような様々な技術的工夫でカバーすることができる.

第3章 分光イメージング走査型トンネル顕微鏡(SI-STM)の装置技術

3.1 SI-STM 技術の概要

STM は，一言で言えばトンネル電流を測定しながら探針を走査する装置であり，その機構は驚くほど単純である．そのため，STM を動作させること自体はデスクトップでも可能であり，STM を自作して自宅で原子像観察を目指すことが，好事家の趣味になっているほどである．もちろん，最先端の電子分光に用いるためには，様々な大掛かりな仕組みが必要になるが，STM は個々の研究者のアイデアを比較的簡単に反映させることができる実験であるといえよう．一方，このことは，研究者のもつ技術がデータに如実に反映されることを意味するので，STM を扱う上で，様々な技術に習熟しておくことは非常に重要である．

装置としての STM の性能は，どれだけトンネル電流を安定させられるかにかかっている．そのためには，微小電流測定のためのエレクトロニクス技術，探針試料間の真空ギャップを制御するための機械技術に関する検討が必要となる．

通常の STM では，1 kHz 程度のバンド幅で pA ～ nA レベルの電流を測定できればよい．これは，10^9 V/A 程度のゲインをもつ一般的な電流アンプで十分可能であり，エレクトロニクスに関して特殊な技術は必要ない．

一方，機械技術には様々な工夫が必要となる．STM の高い空間分解能の源であるトンネル電流の z 敏感性は，同時にわずかな機械的振動ノイズが大きな電流ノイズに変換されることを意味する．式 (2.3) において $\kappa = 10\,\mathrm{nm}^{-1}$ と仮定すると，1% の精度でトンネル電流の測定を行うためには，探針試料間距離は約 0.5 pm の精度で一定に保たれなければならないことがわかる．これは，典型的な原子像の凹凸よりも約 2 桁小さい．

振動ノイズに加えて，機械的ドリフトの低減も重要である．SI-STM では 1 回のスキャンで数多くのスペクトルを取得するので，測定時間が必然的に長い．典型的な SI-STM では，数万点の格子点上において，各点あたり数秒かけてスペクトルを取得するので，全測定時間は数日，場合によっては 1 週間程度必要になる．この間の視野のドリフトを，原子レベルに抑え込まなければ，得られた分光イメージは歪んだものになってしまう．

STM ユニットを設計する上で，これらの振動やドリフトの低減に関する機械技術が不可欠である．加えて，SI-STM には長時間のスキャン中に試料表面を清浄に保つための超高真空技術，研究対象となる電子状態（たとえば超伝導状態）を実現するための低温・強磁場技術，さらに，原子レベルで先鋭で清浄な探針先端の準備・評価技術，といった実験環境準備技術も重要である．

これらの技術は，通常の STM/STS でももちろん必要である．しかし，特定の場所での微分コンダクタンススペクトルの取得のみが必要な場合は，長時間のドリフトが許容できたり，表面モルフォロジーの情報を取得することだけが目的であれば，探針先端に電子状態が不明な異物が付着しても大きな問題にはならなかったりする．これに対し，SI-STM は，様々な技術をすべて高いレベルで実現しなければならないところにそのむずかしさと面白さがある．STM/STS の技術全般に関しては成書があるが [5,6]，本章では，特に SI-STM を実現するために重要な機械技術と実験環境準備技術に関して概説する．

3.2　SI-STM の機械技術

機械的振動ノイズを低減させるためには，システム全体を除振台に設置したり，防音室に入れたりすることが効果的であるが，最も重要なことは，探針走査を行うための STM ユニットの剛性を高めることである．仮に，STM ユニットが剛体であれば，外部から振動を与えても探針試料間距離は変化しないので，電流は影響を受けない．しかし，現実の STM ユニットには，探針を走査するためのスキャナーと，探針試料間距離をトンネル電流が流れる nm スケールから探針や試料交換の際に必要な mm スケールまで変化させるための粗動機構の

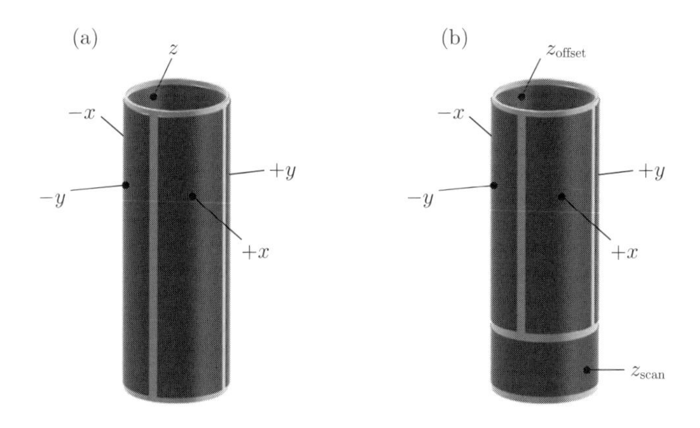

図 3.1　円筒型スキャナー．(a) 4 分割電極型．(b) 5 分割電極型．

最低 2 種類の可動部が必要である．これらの機構を極力堅牢に作るための設計指針について説明し，ドリフト低減技術に関しても簡単に触れる．

3.2.1　スキャナー

スキャナーには pm レベルの位置制御分解能が必要であり，現時点では圧電素子を用いる以外の方法は知られていない．多くの場合，図 3.1 に示すような円筒型圧電素子がスキャナーとして用いられる．円筒を動径方向に分極させ，内側と外側に電圧を印加すると，横変形モードによって円筒の長さが変化する．外側電極を 4 分割し，各電極に印加する電圧を制御することで円筒を任意の方向に曲げることができる．円筒の長さは，内側電極に印加する電圧，もしくは外側を 1 周するように設けた 5 番目の電極の電圧で制御できる．この円筒の先端に探針（試料）を固定し，試料（探針）と対向させることによって，試料表面上での探針走査を行う．

水平方向の変位 Δx，垂直方向の変位 Δz は，それぞれ次式で与えられる [5]．

$$\begin{aligned} \Delta x &= d_{31}\frac{2\sqrt{2}L^2}{\pi Dh}\Delta V_p \\ \Delta z &= d_{31}\frac{L}{h}\Delta V_p \end{aligned} \tag{3.1}$$

ここで，d_{31} は横変形モードの圧電定数，L と h はそれぞれ円筒の長さ（=電極の長さ）と厚さ，D は円筒の直径，ΔV_p は印加電圧である．ここでは，外部電極は4分割で，対向する電極には同じ大きさで正負の電圧を印加するものとした．

スキャナーは，その機械的共振周波数が高いほど堅牢であるといえる．円筒で最も低い共振周波数の基準振動モードは通常曲げ振動であり，その共振周波数 f はトンネル電流測定に用いる電流アンプのバンド幅よりも高くしなければならない．一般的なバンド幅 1 kHz 程度のアンプを用いる場合，SI-STM による安定した測定を行うためには，目安として $f \gtrsim 5\,\mathrm{kHz}$ にすることが望ましい．円筒の断面積 $S = (\pi/4)(D^2 - (D-2h)^2)$ と断面2次モーメント $I_z = (\pi/64)(D^4 - (D-2h)^4)$ を片持ち梁の共振周波数の公式に代入することで，f は，

$$f = \frac{\lambda^2}{2\pi L^2}\sqrt{\frac{YI_z}{\rho S}} \tag{3.2}$$

$$= \frac{\lambda^2 D}{8\pi L^2}\sqrt{\frac{Y}{\rho}}\sqrt{2 - 2\left(\frac{2h}{D}\right) + \left(\frac{2h}{D}\right)^2} \tag{3.3}$$

と書ける．ここで，Y と ρ はそれぞれ，圧電材料のヤング率と密度で，λ は次式の解として数値的に求められる無次元量である．

$$1 + \cosh\lambda\cos\lambda - \mu\lambda(\cosh\lambda\sin\lambda - \sinh\lambda\cos\lambda) = 0 \tag{3.4}$$

μ は円筒先端に取り付ける負荷（探針または試料とそのホルダー）の質量 m_l と円筒の質量の比 $\mu = m_\mathrm{l}/\rho SL$ である．

スキャナーは走査範囲が広く，共振周波数が高いことが望ましい．そのためには円筒の厚さと形状をどのようにすべきか考えよう．式 (3.1) から走査範囲は h に反比例することがわかる．また，負荷の効果を無視（つまり $\mu = 0$）すると，式 (3.3) から，共振周波数は，$2h/D$ が小さいほど，すなわち円筒が薄いほど高くなる（図 3.2(a)）．したがって，円筒型スキャナーは薄い方が望ましい．

次に円筒の形状に関して考えよう．簡単のため，図 3.2(a) に示した $2h/D$ に依存する補正は無視することにする．このような近似のもとでは，水平方向の走査範囲と共振周波数は，式 (3.1) と式 (3.3) から同じパラメータ L^2/D で決まることがわかる．すなわち，形状を変えることによって走査範囲と共振周波数を独立に調整することはできない．この制御パラメータ L^2/D は，アスペクト

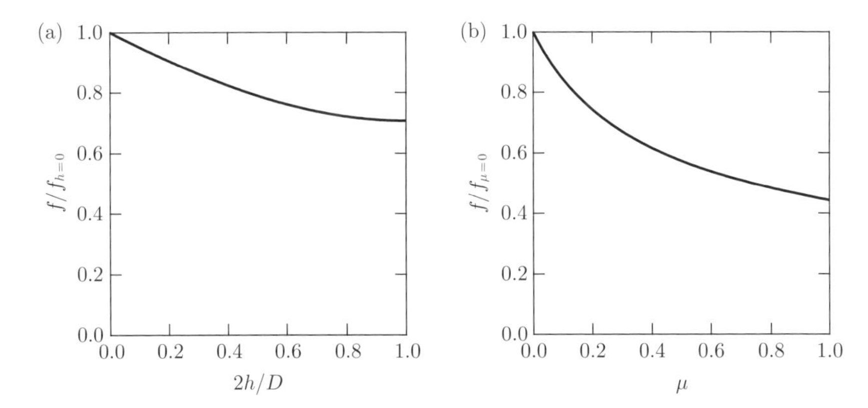

図 3.2　円筒型スキャナーの曲げ振動モードの共振周波数の，(a) 規格化した厚さ $2h/D$ 依存性と，(b) 負荷質量比 μ 依存性．共振周波数 f は，それぞれ，$h=0$，$\mu=0$ の場合の共振周波数で規格化した．

図 3.3　ほぼ同じ走査範囲，同じ共振周波数をもつ 2 つの円筒型スキャナー．右の円筒は左の円筒に比べて，同じ厚さ，長さが半分，直径が 1/4 である．

比 L/D とは異なる．スキャナーの厚さ，走査範囲，共振周波数をいずれも一定に保ったままスキャナーを短くすると，アスペクト比は大きく，すなわちスキャナーは細くなることになる（図 3.3）．

以上の考察は，円筒型スキャナーは，薄く，短く，細く作ればよいことを意味している．しかし，取り扱いの容易さや，圧電材料が有限の機械的強度や耐電圧をもつことから，現実のスキャナーにはある程度以上の厚さ ($h \gtrsim 0.5\,\mathrm{mm}$) が必要になる．この状況でスキャナーを細くすると，図 3.2(a) に示した補正の効果が重要になってくる他，スキャナーが軽くなるために負荷の効果が無視できなくなる．実際の STM では，比較的大きな探針ホルダーもしくは試料ホルダーをスキャナー先端に設けるため，$\mu \sim 1$ にせざるを得ないことが多い．式 (3.3) と式 (3.4) から，負荷の効果を計算した結果を図 3.2(b) に示す．μ の増加とともに共振周波数は大きく低下することがわかる．実際の設計では，目標とする共振周波数と走査範囲が得られるように，負荷やスキャナーの形や大きさを最適化する作業が必要になる [1]．

一例として，筆者等は，外直径 D が 6.5 mm，厚さ h が 0.6 mm，長さ L が 19 mm の 5 分割電極型円筒型スキャナー（図 3.1(b)）を使用している．出力電圧範囲 ±220 V の駆動用アンプを利用すると，4.2 K の低温で約 1.8 μm 四方のスキャンが可能で，無負荷時の共振周波数は約 10 kHz である．先端に取り付ける探針と探針ホルダーの設計質量は約 0.5 g で，$\mu \sim 0.3$ に相当する．図 3.2(b) によれば，この場合の共振周波数は約 6.5 kHz になるはずであるが，実測値は約 5.5 kHz であった．組み立てに必要な接着剤やトンネル電流検出用の同軸ケーブルの質量が負荷に加わるため，また，負荷が質点ではなく有限の大きさをもつために，共振周波数が低下したと考えられる．

3.2.2 粗動機構

粗動機構は STM の安定度を左右する最重要技術であり，STM の発明以来，様々な方式が提案・利用されてきた．差動ネジなどを用いた機械的な粗動機構が用いられることもあるが，低温・強磁場環境では電気配線のみで動かすことができる圧電素子をベースにした粗動機構の利用が一般的である．圧電素子を用いた粗動機構には，大きく分けて，カメラのレンズ駆動などにも用いられるスリップスティック現象を利用した慣性駆動方式と，複数の圧電素子を順番に変形させて支持物を移動させる方式の 2 種類がある．SI-STM のシステムでは，後者の一種であるパンモーター [2] とよばれる直線駆動機構が広く用いられている [7]．

[1] 円筒型スキャナーの形状と負荷から共振周波数を計算するスプレッドシート (`http://www2.riken.jp/epmrt/Hanaguri/Tech/tube_piezo.xls`) が，筆者のホームページからダウンロードできる．
[2] 発明者のシュウヘン・パン（潘庶亨）に因む．

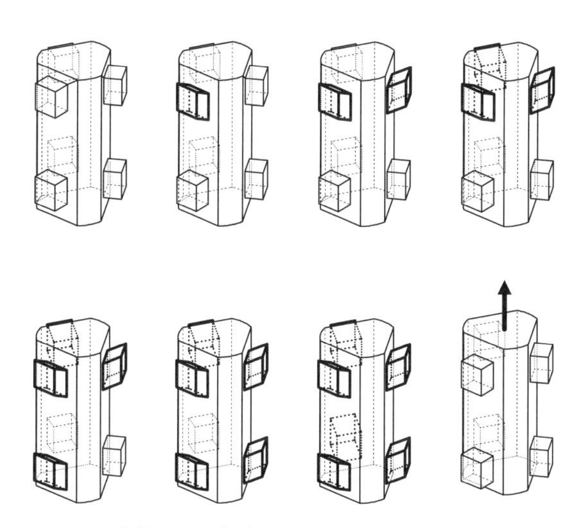

図 3.4　パンモーターの動作原理．太線は，1 つずつ変形させている積層圧電素子を表している．

パンモーターは，図 3.4 に示すように，6 個のせん断変形モードの積層圧電素子で三角柱を保持する構造をもつ．5 個の圧電素子で三角柱を保持した状態で残りの 1 個を急速に変形させると，保持力が駆動力を上回るので，界面で滑りが生じて三角柱は動かない．他の素子も 1 個ずつ順番に急速変形させ，すべての素子を変形させ終わった後に 6 個同時にゆっくりと元に戻すと，今度は滑りが起こらないので三角柱が移動する．このプロセスを逆にして，まず 6 個の圧電素子を同時にゆっくり変形させ，次に 1 個ずつ急速に元に戻せば，三角柱は逆方向に移動する [3)]．この方式で，100 nm 程度のステップ幅で再現性の高い粗動ができる．三角柱の内部にスキャナーを組み込めば，探針試料間距離をサブミクロン分解能で変化させることができるわけである．

パンモーターの信頼性は高く，かつ構造が堅牢であるという利点があるが，多くの圧電素子を独立に駆動しなければならないために多数の配線が必要になるという欠点がある．配線の数を節約するために，6 個の圧電素子を並列にして慣性駆動方式で動作させることもできるが，小さなステップ幅で駆動する際の

[3)] 圧電素子に電圧を印加するプロセスは変えずに電圧を反転することでも逆転動作ができる．

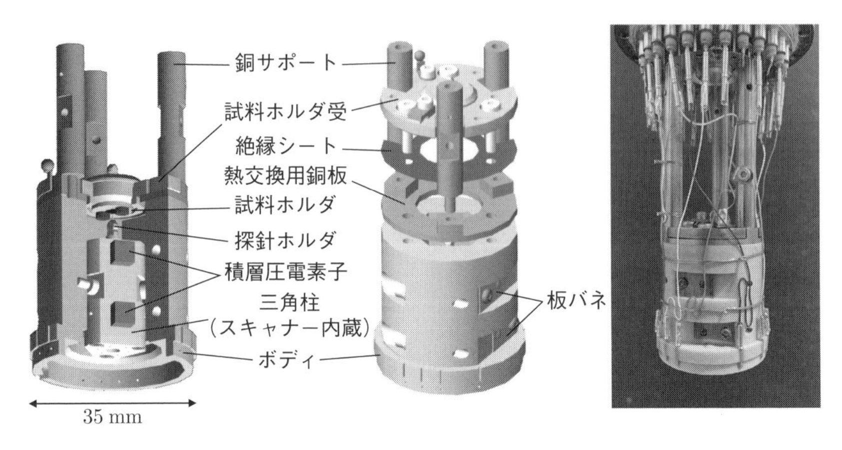

図 3.5　STM ユニットのモデル図と，冷凍機に取り付けた実際の STM ユニットの写真．試料と探針の交換は，マニピュレータによって上部から行う．

信頼度は低下する．円筒型スキャナーとパンモーターを使用した，実際の STM ユニットを図 3.5 に示す．

3.2.3　ドリフト低減技術

ドリフトの原因は主に 2 つある．1 つは，熱膨張によるもので，STM が熱平衡状態に達するまでの緩和過程や，温度制御中の温度ゆらぎによって生じる．STM の構造上，探針が対称性の良い位置に来るように設計すると，熱膨張の影響が相殺されるので，その影響を実質的に小さくすることができる．STM ユニットを熱伝導の良い材料で構成すると，熱平衡状態に達するまでの時間を短くできるが，銅のような熱伝導の良い金属は，スキャナーと熱膨張率の差が大きい．窒化アルミニウムやサファイヤのような熱伝導の良いセラミックス，あるいはモリブデンのような高融点金属の熱膨張率はスキャナーのそれと比較的近く，STM ユニットの構造材料として適している [4]．

ドリフトのもう 1 つの原因は，圧電素子のクリープ現象である．クリープとは，印加電圧を変化させた後，電圧を一定に保っていたとしても変位が時間とともに緩和する現象である．クリープは，圧電材料内の強誘電ドメインの再構

[4] 圧電素子の熱膨張は異方的で，分極方向には負の熱膨張を示す．

成に起因しており，圧電素子を使用する限り避けることがむずかしい上に，その緩和は長時間（数日以上）にわたって対数的に進行するために非常に厄介な現象である．

熱膨張の影響は，液体ヘリウム温度 (4.2 K) 以下ではほとんど無視できるので，この温度域で SI-STM を行う場合には熱膨張によるドリフトを考える必要はほとんどない．クリープも温度の低下とともに小さくなるが，0.1 K 以下の超低温でも存在する．特に，スキャンする領域がスキャナーの可動域の中心から大きく外れている場合，スキャナーへの印加電圧が大きいので，クリープも大きくなる．このような場合，STM の温度を数 K 上昇させると，平衡状態への緩和が加速するので，その後に低温に戻すと，クリープの影響をある程度低減させることができる．

3.3　SI-STM の実験環境準備技術

十分に安定な STM ユニットが準備できたならば，それを適切な環境で運転しなければならない．SI-STM は表面敏感な測定であるので，通常は超高真空環境での実験が必要となる．また，SI-STM の目的は電子分光であるので，電子のもつ量子力学的性質が顕著になる低温・強磁場環境は欠かせない．低温環境での実験は，前述のドリフト低減に加え，エネルギー分解能向上の観点からも重要である．4.1.1 項で説明するように，エネルギー分解能は，フェルミ分布関数のエネルギー微分の半値全幅である約 $3.5k_\mathrm{B}T$（k_B：ボルツマン定数）程度に制限されるので，たとえば 1 meV 以上の分解能を実現しようとすると，約 3 K 以下の低温が必要になる．超高真空・低温・強磁場技術は，いずれも技術として成熟しているが，SI-STM ではこれらを組み合わせた複合極限環境を，トンネル電流のノイズ源となる機械的振動を発生させることなく実現する必要がある．また，SI-STM を行う上での最終的な鍵は，清浄で平坦な試料表面と，先鋭で状態密度に構造をもたない探針をどのように準備するかにある．本節では，これらの環境準備技術に関して概説する．

3.3.1 複合極限環境技術

液体ヘリウム温度以下で実験を行う場合，残留ガスは低温の壁面に吸着されるので，室温部がターボ分子ポンプで得られる程度の真空であっても STM ユニット周辺では実質的に超高真空環境が実現し，SI-STM を行うことができる．超高真空環境は，安定した長時間測定において不可欠なだけでなく，清浄な探針や試料表面を準備するための超高真空アニール処理を行う際にも必要になる．しかし，このような処理は，1000 °C 程度の高温を必要とするため，低温の STM ユニット近くで行うことはほぼ不可能である．そのため，準備用超高真空チャンバーを別に用意し，STM ユニットまで真空を破らずに探針・試料を搬送できるようにすると便利である．

超高真空・低温・強磁場の組合せ自体に原理的な困難はないが，振動を発生させないためにはいくつか注意が必要である．近年，容易に mK 領域の超低温が得られる液体ヘリウムフリー冷凍機が普及しているが，振動が避けられないコンプレッサーを使用するために SI-STM に利用できる低振動環境を実現することは簡単ではない [5)]．そのため，液体ヘリウムを利用した伝統的な冷凍機を使用するほうが無難である．4.2 K 以下の低温を実現するには，デュワーに溜めた液体ヘリウムをインピーダンスを介して 1 K ポットに少量導入し，それをポンプで排気する必要があるが，1 K ポットに液体ヘリウムが入る際に大きな振動が発生することが多い．ニードルバルブを用いてインピーダンスを適切に調整すると振動を小さくできる場合もあるが，冷凍機によってはうまくいかない．振動を発生しないような 1 K ポットの構造も提案されている [8]．

SI-STM による測定は長い時間を要するので，デュワーの液体ヘリウム保持時間が長くなるように，熱流入を抑える工夫をしたり，溜められる液体ヘリウムの量を多くすることは重要である．デュワーに液体窒素ジャケットを用いるとヘリウム蒸発量を抑制できるが，液体窒素の蒸発に伴う泡の発生が大きな振動ノイズ源となることがあるので，可能であれば液体窒素ジャケットは使用しない方が無難である．液体ヘリウム自体の蒸発は，密度が小さいためにほとんど振動を発生しない．

5) 液体ヘリウムフリー冷凍機をベースにした低温 STM の装置も市販されている．

高エネルギー分解能を目指した超低温の実験では，高周波の電磁ノイズの抑制が必要である．1K 以下の低温では，実験室環境に存在する，あるいは STM に接続された電子機器が発生する高周波ノイズによって，スペクトルが試料近くの温度計で測定される温度から期待されるよりもブロードになる．これは，STM に接続されているすべての配線に，数 kHz の遮断周波数をもつローパスフィルターを挿入することで解決できる．実際に試料の温度がどこまで低温になっているかは，アルミニウムのような典型的な超伝導体の超伝導ギャップスペクトルを測定し，温度や微分コンダクタンス測定に伴うブロードニングを取り入れた理論式でフィッティングすることで見積もることができる[6]．

3.3.2 試料表面作製技術

SI-STM には，通常，数 10 nm 四方以上の範囲で原子レベルで清浄な表面が必要である．単元素物質など，比較的単純な物質では，アルゴンスパッタリングと超高真空アニールなどを組み合わせることで，清浄表面が得られることがある．しかし，SI-STM による電子状態解析が必要なエキゾチックな物性を示す物質は，多くの場合複雑な多元系であり，スパッタリングとアニーリングの組合せでは清浄表面が準備できない場合が多い．このような場合，超高真空中で試料を劈開することがほぼ唯一の表面準備法になる．劈開は，図 3.6 のように，試料の上にあらかじめ接着したポストをマニピュレータなどで倒すことで行うことができる．

劈開性の悪い物質は，これまでほとんど SI-STM の測定対象になってこなかった．しかし，近年，分子線ビームエピタキシー (Molecular Beam Epitaxy, MBE) やパルスレーザー堆積法 (Pulsed Laser Deposition, PLD) の薄膜作製装置を STM システムと組み合わせ，作製した薄膜試料の清浄表面を SI-STM でその場観察する手法が普及しはじめていることにより，SI-STM が対象とする物質や現象のバリエーションが急速に増えてきている．

---

[6] 4.1 節，6.1.1 項を参照．

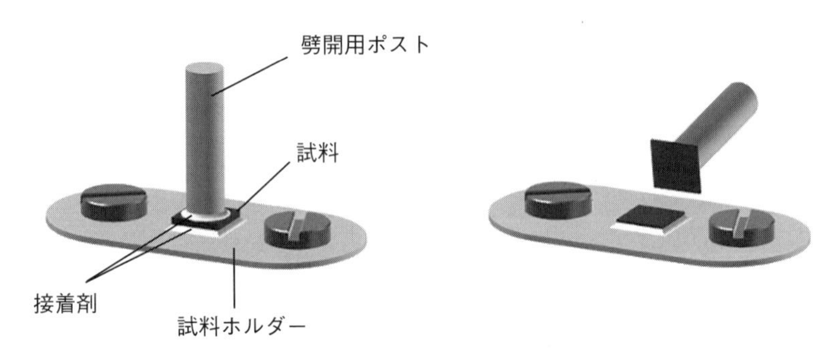

図 **3.6**　超高真空チャンバー内での試料劈開法.

3.3.3　探針作製技術

SI-STM に用いる探針は，高い空間分解能を得るために必要な先鋭さ，長時間の測定に耐える安定性，対象とするエネルギー範囲の状態密度が平坦であることの 3 つの条件を満たす必要がある．いずれも，実際に STM を用いた評価を行わないと，これらの条件を満たしているかどうかを判断することはむずかしい．そこで，実際に測定したい試料にトンネル電流が観測できるまで探針を近づける前に，金や銅のような単純な金属の清浄表面に探針を近づけて予備測定を行い，欠陥やステップエッジが STM 像において十分に鋭い構造としてとらえられているかどうか，高いバイアス電圧を印加したり大きなトンネル電流を流したときにトンネル電流が安定しているかどうか，測定される微分コンダクタンススペクトルに異常な構造がないかどうかをあらかじめ調べておくことで，実際の測定の歩留まりを上げるとともに，得られるスペクトルの信頼性を担保することができる．条件が満たされない場合は，清浄金属表面に 1 ～ 10 nm の深さまで探針を突き刺すことによって探針の状態を意図的に変化させ，調整する．一度調整がうまくいった探針は，低温超高真空環境に置かれている限り，試料の交換を行っても変化しないことが多い．

このような清浄金属表面での調整を行う前に，探針は十分に清浄化されていなければならない．STM で用いられる探針には，ニッパなどによる切断，あるいは機械的研磨で先鋭化した白金イリジウム合金線や，電解研磨したタングステン線が用いられるが，いずれも研磨後の探針先端は汚染されていたり酸化したりしていると考えられる．超高真空中で探針に高電圧を印加して表面原子を電界蒸発させたり，電子ビーム加熱によって汚染層を蒸発させたりすることで探針の清浄化ができる．また，金属表面上でトンネル電流を流した状態で，10 V 程度のパルス電圧をバイアスに与えると，探針先端を「吹き飛ばす」ことができる．これによってできた新しい先端は，通常先鋭ではないが清浄である．このようにしてできた清浄な探針先端を清浄金属表面上で調整することで，3 条件を満たす探針が得られる場合がある．しかしながら，いずれの場合も，上記の 3 条件を満たす探針をいつでも再現性良く準備する方法は確立しておらず，試行錯誤を繰り返す必要があるのが現状である．

3.3.4 SI-STM システムの実際

トップローディング型の超高真空・超低温・強磁場 STM の模式図と，実際の装置の写真を図 3.7 に示す [9]．STM 本体は，超伝導マグネットに差し込まれた冷凍機インサートの下部に設置され，移送用のパイプで室温部の準備用超高真空チャンバーとつながっている．超高真空チャンバーには，複数の探針や試料が保管可能で，トランスファーロッドによって，真空を破らずに STM にセットしたり，取り外したりできるようになっている．超高真空チャンバーには，この他に，探針や試料を加熱するための電子ビーム加熱装置や，清浄化のためのイオンスパッタ銃，試料劈開のためのステージなどを装備している．超高真空チャンバーはデュワーの下部や横に設置するなど，システム構成には様々なバリエーションが可能である．デュワーとチャンバーは，空気バネ式の除振台に載せて振動ノイズの侵入を防ぐことが重要である．また，外部からの音響ノイズが振動源になることもあるので，全体を防音室に格納すると効果的である．100 mK 以下の超低温を目指す場合は，電磁シールドも重要である．

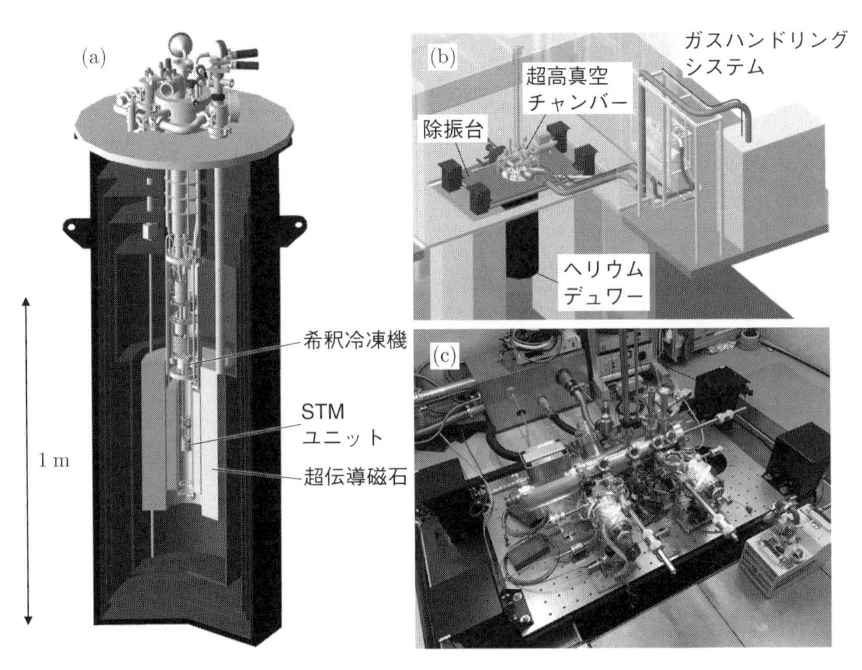

図 3.7 (a) 超低温・強磁場における SI-STM のためのヘリウムデュワーのカットモデル図. (b) システム全体の概念図. デュワーと超高真空チャンバーは, 音響・電磁シールドルームの中に置かれ, 振動ノイズを発生するガスハンドリングシステムと切り離されている. (c) 実際の超高真空チャンバーの写真.

第4章 SI-STMのデータ解析

SI-STMを行う目的は，局所状態密度スペクトルの空間分布を明らかにすることにある．しかし，実際に得られるデータは局所状態密度以外にも様々な要因の影響を受ける．試料の電子状態に関する情報を正しく引き出すためには，これらの要因の正しい理解と，それに立脚した解析手法が必要になる．本章では，SI-STMのデータ解析を行う上でとりわけ重要な，エネルギー分解能の決定要因，離散フーリエ変換による空間変化の特徴抽出，実験で得られる微分コンダクタンス像と局所状態密度スペクトルの空間分布の関係に関して解説する．

4.1 エネルギー分解能

2.2節では，低温・低バイアス電圧など，いくつかの条件の下で，微分コンダクタンスは局所状態密度に比例することを導いた（式(2.2)）[1)]．スペクトルを解釈する上で，これらの条件がどの程度当てはまるのか，あらかじめ十分吟味しなければならない．また，実際の測定のエネルギー分解能は有限なので，測定で得られる微分コンダクタンスは，局所状態密度を有限の幅で「ぼかした」ものになる．エネルギー分解能を決定する主な要因は，有限温度の効果，および，微分コンダクタンス測定に必要なエネルギー幅の効果である．以下では，これら2つの要因によるスペクトルの広がりを定量的に評価する．

1) 本節では場所 $\boldsymbol{r}$ 依存性を取り扱わないので，簡便さと2.2節との対応のため，局所状態密度 $\rho_{\mathrm{s}}(\boldsymbol{r}, \epsilon)$ を，$\rho_{\mathrm{s}}(\epsilon)$ と表記する．$\boldsymbol{r}$ 依存性による影響は，4.3節で考察する．

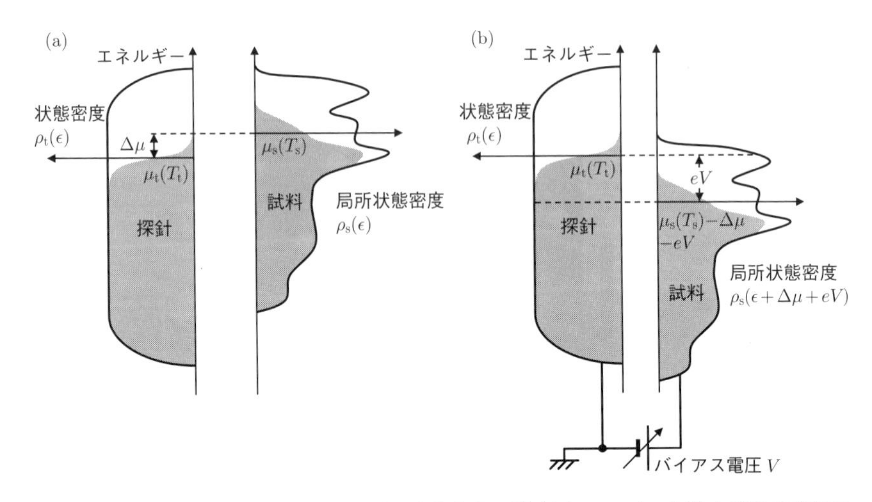

図 4.1　有限温度における探針と試料の状態密度の模式図．(a) は，探針と試料が電気的に独立な状態，(b) は，探針と試料を電気的に接続し，試料にバイアス電圧 V を印加した状態．絶対零度における図 2.3 の場合と異なり，トンネル電流の評価には，バイアス電圧によって変化したエネルギー eV の外側の電子からの寄与や，探針から試料と試料から探針の両方向のトンネルを考慮する必要がある．

4.1.1　有限温度の効果

まず，有限温度の効果に関して考える．温度 T では，フェルミ分布関数

$$f(\epsilon, T) = \left\{\exp\left(\frac{\epsilon - \mu(T)}{k_B T}\right) + 1\right\}^{-1} \tag{4.1}$$

に従って電子が熱励起されるために，観測されるスペクトルがぼやける．また，化学ポテンシャル $\mu(T)$ は，絶対零度ではフェルミエネルギーに一致するが，状態密度が占有状態と非占有状態で非対称であれば温度に依存するので，有限温度で観測される微分コンダクタンススペクトルはその影響を受ける可能性がある．

これらの効果を図 4.1 に示す有限温度におけるトンネル接合のエネルギーダイヤグラムを基に定量的に考えよう．実際の実験は探針温度 T_t と試料温度 T_s が同じになるようなセットアップで行うことがほとんどであるが，両者の温度が異なることもあり得るので，ここでは一般化して $T_t \neq T_s$ の場合を考える．探針と試料が電気的に独立な状態でのそれぞれの化学ポテンシャルを $\mu_t(T_t)$, $\mu_s(T_s)$ とする（図 4.1(a)）．探針と試料を電気的に接続すると，絶対零度では両者のフェルミエネルギーが一致するようにエネルギーシフトが起こるが，有限温度

で一致するのは両者の化学ポテンシャルである．したがって，$\Delta\epsilon_{\mathrm{F}} = \epsilon_{\mathrm{F}}^{(\mathrm{s})} - \epsilon_{\mathrm{F}}^{(\mathrm{t})}$ を，$\Delta\mu = \mu_{\mathrm{s}}(T_{\mathrm{s}}) - \mu_{\mathrm{t}}(T_{\mathrm{t}})$ に置き換えることで，探針と試料のエネルギーの関係を，2.2 節とまったく同様に考えることができる[2)]．すなわち，図 4.1(b) からわかるように，有限温度では，試料の状態密度を $\rho_{\mathrm{s}}(\epsilon)$ から $\rho_{\mathrm{s}}(\epsilon + \Delta\mu + eV)$ へとエネルギー方向にシフトさせて考えればよい．

有限温度では，探針から試料と試料から探針の両方向に電子がトンネルする効果を考えなければならない．電子がトンネルするためには，トンネルバリアを挟んで同じエネルギーにある探針と試料の状態の一方が占有され他方が空いていなければならない．そのような条件を満たす状態の組の数を足し合わせた量がトンネル電流に比例するので，$I(V)$ は次のように表される．

$$
\begin{aligned}
I(V) \propto & \int_{-\infty}^{\infty} \rho_{\mathrm{t}}(\epsilon) f_{\mathrm{t}}(\epsilon, T_{\mathrm{t}}) \rho_{\mathrm{s}}(\epsilon + \Delta\mu + eV)\{1 - f_{\mathrm{s}}(\epsilon + \Delta\mu + eV, T_{\mathrm{s}})\}\,\mathrm{d}\epsilon \\
& - \int_{-\infty}^{\infty} \rho_{\mathrm{t}}(\epsilon)\{1 - f_{\mathrm{t}}(\epsilon, T_{\mathrm{t}})\} \rho_{\mathrm{s}}(\epsilon + \Delta\mu + eV) f_{\mathrm{s}}(\epsilon + \Delta\mu + eV, T_{\mathrm{s}})\,\mathrm{d}\epsilon
\end{aligned}
\tag{4.2}
$$

$$
= \int_{-\infty}^{\infty} \rho_{\mathrm{t}}(\epsilon) \rho_{\mathrm{s}}(\epsilon + \Delta\mu + eV)\{f_{\mathrm{t}}(\epsilon, T_{\mathrm{t}}) - f_{\mathrm{s}}(\epsilon + \Delta\mu + eV, T_{\mathrm{s}})\}\,\mathrm{d}\epsilon \tag{4.3}
$$

ここで，$f_{\mathrm{t}}, f_{\mathrm{s}}$ はそれぞれ探針，試料のフェルミ分布関数であり，式 (4.1) において $\mu(T) = \mu_{\mathrm{t}}(T_{\mathrm{t}}), \mu_{\mathrm{s}}(T_{\mathrm{s}})$ としたものである．式 (4.2) の第 1 項は探針から試料に流れる電流を，第 2 項は試料から探針に「逆流」する電流を表している．2.2 節と同様に，$\rho_{\mathrm{t}}(\epsilon)$ はエネルギーに依存しない定数であるとし，$\epsilon + \Delta\mu + eV \to \epsilon$ と変数変換して式 (4.3) を V で微分すると，

$$
\frac{\mathrm{d}I}{\mathrm{d}V} \propto -\int_{-\infty}^{\infty} \rho_{\mathrm{s}}(\epsilon) \frac{\partial}{\partial V} f_{\mathrm{t}}(\epsilon - \Delta\mu - eV, T_{\mathrm{t}})\,\mathrm{d}\epsilon \tag{4.4}
$$

が得られる．すなわち，低温近似が成り立たない場合の微分コンダクタンスは，試料の局所状態密度をフェルミ分布関数の微分で畳み込んだものである．フェルミ分布関数の微分は図 4.2 に示すように約 $3.5k_{\mathrm{B}}T$ の半値全幅をもつ関数である．この幅が熱によるスペクトルの広がりを与え，液体ヘリウムの沸点 4.2 K

[2)] 温度以外の原因，たとえばドーピングによるキャリア濃度変化を通して試料の化学ポテンシャル（フェルミエネルギー）が変化する場合も同様に考えればよい．

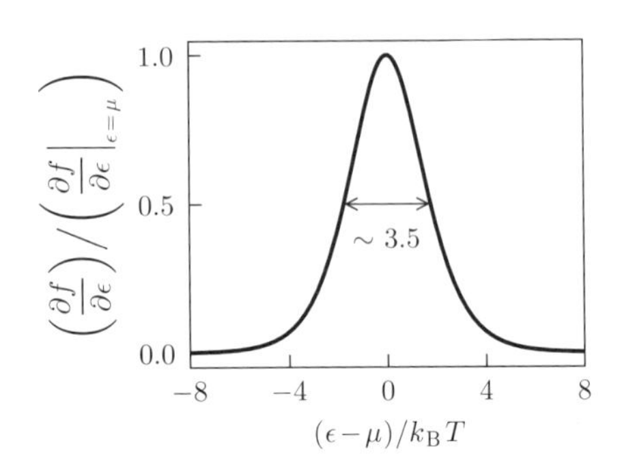

図 4.2　熱ゆらぎに起因するスペクトルの広がりを与える関数.

で約 1.3 meV，液体窒素の沸点 77 K で約 23 meV，室温 300 K で約 90 meV である．式 (4.4) からわかるように，スペクトルの広がりは探針の温度で決まり，試料の温度からは影響を受けない [3]．

探針が十分低温であれば，$\lim_{T_{\mathrm{t}}\to 0}\mu_{\mathrm{t}}(T_{\mathrm{t}})=\epsilon_{\mathrm{F}}^{(\mathrm{t})}$，$-\lim_{T_{\mathrm{t}}\to 0}\partial f_{\mathrm{t}}(\epsilon,T_{\mathrm{t}})/\partial V=\delta(\epsilon-\epsilon_{\mathrm{F}}^{(\mathrm{t})})$ となるので，式 (4.4) から

$$\frac{\mathrm{d}I}{\mathrm{d}V}\propto\rho_{\mathrm{s}}(\mu_{\mathrm{s}}(T_{\mathrm{s}})+eV) \tag{4.5}$$

が得られる．すなわち，試料の温度が変化すると，微分コンダクタンススペクトルはその形状を保ったまま，試料の化学ポテンシャルの温度変化に従ってエネルギー方向にシフトする [4]．探針だけでなく，試料も十分に低温であれば $\lim_{T_{\mathrm{s}}\to 0}\mu_{\mathrm{s}}(T_{\mathrm{s}})=\epsilon_{\mathrm{F}}^{(\mathrm{s})}$ なので，式 (4.5) は式 (2.2) に帰着する．以上をまとめると，探針の状態密度にエネルギー依存性がない場合，探針の温度はスペクトルの広がりに，試料の温度はスペクトルのエネルギー位置に影響を与える．

---

[3] これは，探針の状態密度 $\rho_{\mathrm{t}}(\epsilon)$ が ϵ に依存しないことが前提である．また，相転移等で試料の状態密度 $\rho_{\mathrm{s}}(\epsilon)$ そのものが温度変化すれば，当然のことながらスペクトルは試料の温度に依存する．

[4] 通常，化学ポテンシャルの温度変化は非常に小さく，3 次元的バンドの場合，その変化の割合は $\sim(k_{\mathrm{B}}T/\epsilon_{\mathrm{F}})^2$ にすぎない．そのため，このシフトが問題になることはほとんどないが，フェルミエネルギー近傍の占有状態・非占有状態に強い非対称性がある物質や，フェルミエネルギーが極端に小さな物質（たとえば重い電子系物質）ではその影響が現れる可能性がある．

4.1.2 微分コンダクタンス測定のエネルギーブロードニング

次に測定に伴うブロードニング効果を定式化しよう．微分コンダクタンスを求める方法には，トンネル電流を測定した後で数値微分をする方法と，ロックインアンプを利用した変調法の 2 種類がある．数値微分を用いて得られるバイアス電圧 V における微分コンダクタンス $g_{\mathrm{numdiff}}(V)$ は，V から ΔV 離れた 2 つの異なるバイアス電圧で測定したトンネル電流の中心差分として得られる．

$$g_{\mathrm{numdiff}}(V) \equiv \frac{I(V+\Delta V)-I(V-\Delta V)}{2\Delta V} \tag{4.6}$$

数値的に得られる中心差分と，真の微分コンダクタンスとの関係について考えてみよう．トンネル電流をバイアス電圧についてテイラー展開すると，

$$I(V+\Delta V) = I(V) + \frac{\mathrm{d}I}{\mathrm{d}V}\Delta V + \frac{1}{2}\frac{\mathrm{d}^2 I}{\mathrm{d}V^2}(\Delta V)^2 + \mathcal{O}\big((\Delta V)^3\big) \tag{4.7}$$

$$I(V-\Delta V) = I(V) - \frac{\mathrm{d}I}{\mathrm{d}V}\Delta V + \frac{1}{2}\frac{\mathrm{d}^2 I}{\mathrm{d}V^2}(\Delta V)^2 + \mathcal{O}\big((\Delta V)^3\big) \tag{4.8}$$

となる．これらの式の引き算から，

$$\frac{\mathrm{d}I}{\mathrm{d}V} = \frac{I(V+\Delta V)-I(V-\Delta V)}{2\Delta V} + \mathcal{O}\big((\Delta V)^3\big) \tag{4.9}$$

が得られるので，ΔV が十分小さければ $g_{\mathrm{numdiff}} \sim \mathrm{d}I/\mathrm{d}V$ である．一般的に，g_{numdiff} と $\mathrm{d}I/\mathrm{d}V$ の関係は以下のように表される．

$$g_{\mathrm{numdiff}}(V) = \frac{I(V+\Delta V)-I(V-\Delta V)}{2\Delta V} \tag{4.10}$$

$$= \frac{1}{2\Delta V}\int_{V-\Delta V}^{V+\Delta V} \frac{\mathrm{d}}{\mathrm{d}u} I(u)\,\mathrm{d}u \tag{4.11}$$

$$= \int_{-\infty}^{\infty} b_{\mathrm{numdiff}}(u) \frac{\mathrm{d}}{\mathrm{d}u} I(V-u)\,\mathrm{d}u \tag{4.12}$$

$$b_{\mathrm{numdiff}}(V) = \begin{cases} \dfrac{1}{2\Delta V} & (|V| \leq \Delta V) \\ 0 & (|V| > \Delta V) \end{cases} \tag{4.13}$$

すなわち，$g_{\mathrm{numdiff}}(V)$ は，真の微分コンダクタンスを $b_{\mathrm{numdiff}}(V)$ で畳み込んだものである．$b_{\mathrm{numdiff}}(V)$ は図 4.3(a) に示すように，幅 $2\Delta V$ の矩形波関数で

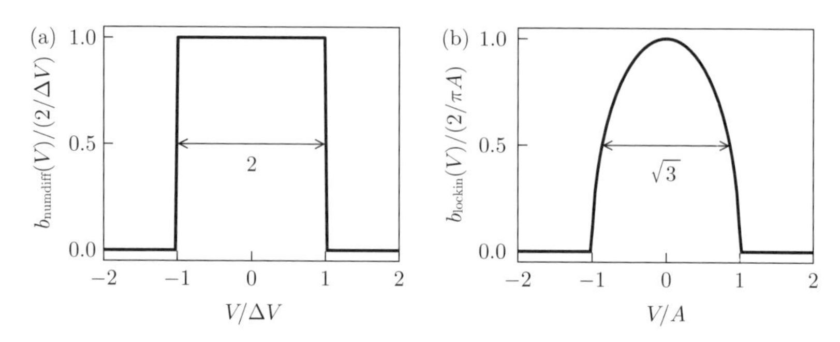

図 4.3　測定法に起因するスペクトルの広がりを与える関数. (a) 数値微分（中心差分）の場合. (b) ロックインアンプを利用した変調法の場合.

ある.

差分法は, ハムノイズや機械的共振ノイズのなどの影響を受けやすい. これらのノイズは特定の周波数に現れるので, ロックインアンプを利用した変調法を用いて低減できる. 変調法では, 振幅 A, 周波数 $\omega/(2\pi)$ の正弦波をバイアス電圧に重畳する. このとき, 得られるトンネル電流は, テイラー展開を用いて次のように表される.

$$I(V + A\cos\omega t) = I(V) + \sum_{n=1}^{\infty} \frac{1}{n!} \frac{\mathrm{d}^n I(V)}{\mathrm{d}V^n} (A\cos\omega t)^n \tag{4.14}$$

A が十分小さいとき, すなわち, $I(V)$ が $|V| < A$ の範囲で線形とみなせるとき, $n \geq 2$ の項が無視できて,

$$I(V + A\cos\omega t) \sim I(V) + \frac{\mathrm{d}I}{\mathrm{d}V} A\cos\omega t \tag{4.15}$$

となる. 両辺に $\cos\omega t$ をかけて, 1 周期分 $(T = 2\pi/\omega)$ 積分すると,

$$\int_0^T I(V + A\cos\omega t)\cos\omega t\,\mathrm{d}t \sim \frac{\mathrm{d}I}{\mathrm{d}V}\frac{AT}{2} \tag{4.16}$$

となる. したがって, ロックインアンプを用いて得られる微分コンダクタンス g_{lockin} は, 周波数 $\omega/(2\pi)$ でのロックインアンプの出力

$$I_\omega = \frac{2}{T}\int_0^T I(V + A\cos\omega t)\cos\omega t\,\mathrm{d}t \tag{4.17}$$

を用いて，$g_{\mathrm{lockin}} = I_\omega / A$ として得られる．式 (4.17) は，$u = -A\cos\omega t$ と変数変換したのちに部分積分することで

$$I_\omega = -\frac{2}{\pi A}\int_{-A}^{A}\sqrt{A^2-u^2}\,\frac{\mathrm{d}}{\mathrm{d}u}I(V-u)\,\mathrm{d}u \tag{4.18}$$

となる．したがって，ロックインアンプを用いた微分コンダクタンスの測定の表式として

$$g_{\mathrm{lockin}}(V) = \int_{-\infty}^{\infty} b_{\mathrm{lockin}}(u)\frac{\mathrm{d}}{\mathrm{d}V}I(V-u)\,\mathrm{d}u \tag{4.19}$$

$$b_{\mathrm{lockin}}(V) = \begin{cases} \dfrac{2\sqrt{A^2-V^2}}{\pi A^2} & |V| \leq A \\ 0 & |V| > A \end{cases} \tag{4.20}$$

が得られる．$g_{\mathrm{lockin}}(V)$ は，真の微分コンダクタンスを $b_{\mathrm{lockin}}(V)$ で畳み込んだものであることがわかる．$b_{\mathrm{lockin}}(V)$ は図 4.3(b) に示すように，$\sqrt{3}A$ の半値全幅をもつ関数である．

4.2 離散フーリエ変換

周期的な空間変調構造（原子列，電荷密度波，準粒子干渉など）の解析には，フーリエ変換を用いると見通しが良い．しかし，実際のデータは有限の標本間隔で有限の範囲から取得されるため，連続関数の無限範囲での積分で定義されるフーリエ変換は使用できない．代わりに離散フーリエ変換を用いる[5)]．本節では，離散フーリエ変換を用いることによる影響を考える．具体的には，有限範囲での標本化によって受ける影響を，離散フーリエ変換とフーリエ変換の関係を明らかにすることで考える．簡単のために 1 次元で議論を進める．

2 つの複素数列 $\{f_1,\ f_2,\ \ldots,\ f_N\}$, $\{F_1,\ F_2,\ \ldots,\ F_N\}$ の間の離散フーリエ変換と逆離散フーリエ変換はそれぞれ

5) 実際の計算には高速フーリエ変換 (Fast Fourier Transform, FFT) がよく用いられる．FFT は離散フーリエ変換を高速に計算するためのアルゴリズムであり，その意味で離散フーリエ変換の一種である．

$$F_m = \sum_{l=0}^{N-1} f_l \exp\left(-\frac{2\pi iml}{N}\right) \tag{4.21}$$

$$f_l = \frac{1}{N}\sum_{m=0}^{N-1} F_m \exp\left(\frac{2\pi iml}{N}\right) \tag{4.22}$$

と定義される．実際に即して考えるため，f_l は連続データ $f(r)$ を標本間隔 Δ で測定した値であるとする．すなわち，$f_l = f(r_l)$, $r_l = l\Delta$, $l = 0, 1, \ldots, N-1$ である．このとき，上記の定義式は以下のように書き換えられる．

$$F_m = \sum_{l=0}^{N-1} f(r_l) \exp(-2\pi iq_m r_l) \tag{4.23}$$

$$f(r_l) = \frac{1}{N}\sum_{m=0}^{N-1} F_m \exp(2\pi iq_m r_l) \tag{4.24}$$

ただし，$q_m = m/(N\Delta)$ である．このような表記を用いると，この節の目的は，$f(r)$ のフーリエ変換

$$F(q) = \int_{-\infty}^{\infty} f(r) \exp(-2\pi iqr)\,\mathrm{d}r \tag{4.25}$$

と F_m の関係を明らかにすること，と言い換えることができる．

デルタ関数列を用いると，式 (4.23) は

$$\begin{aligned} F_m &= \sum_{l=0}^{N-1} \int_{-\infty}^{\infty} f(r) \exp(-2\pi iq_m r)\delta(r - r_l)\,\mathrm{d}r & (4.26) \\ &= \sum_{l=-\infty}^{\infty} \int_{-\infty}^{\infty} w(r) f(r) \exp(-2\pi iq_m r)\delta(r - l\Delta)\,\mathrm{d}r & (4.27) \end{aligned}$$

と書ける．ただし，$w(r)$ は測定範囲で 1，それ以外では 0 となる窓関数である（図 4.4(a)）．

$$w(r) = \begin{cases} 1 & (r_0 - \Delta/2 \le r \le r_{N-1} + \Delta/2) \\ 0 & (r < r_0 - \Delta/2,\ r_{N-1} + \Delta/2 < r) \end{cases} \tag{4.28}$$

デルタ関数列のフーリエ級数展開

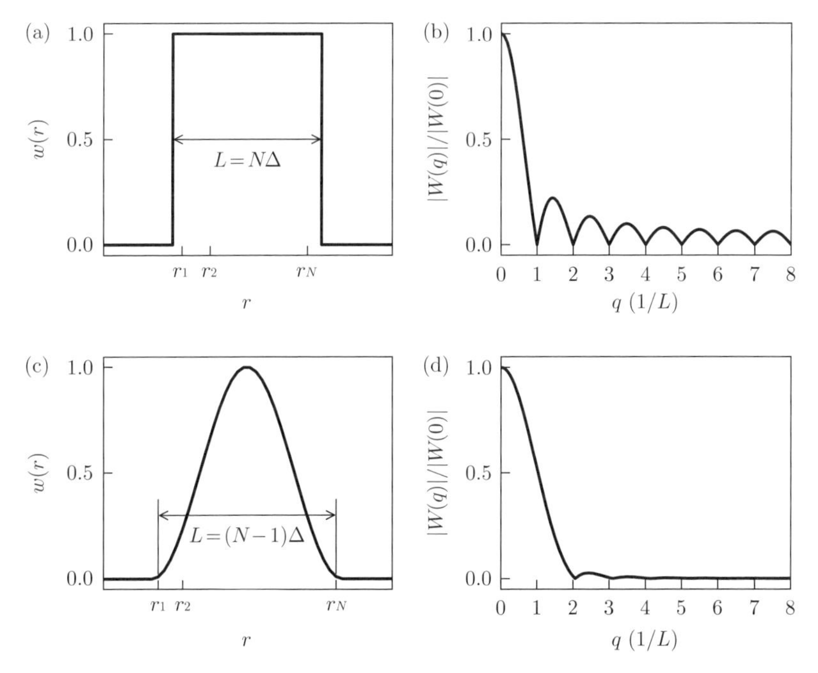

図 4.4 窓関数とそのフーリエ変換. (a) 矩形, (c) ハニング. (b) と (d) はそれぞれ (a) と (c) のフーリエ変換.

$$\sum_{l=-\infty}^{\infty} \delta(r - l\Delta) = \frac{1}{\Delta} \sum_{l=-\infty}^{\infty} \exp\left(\frac{2l\pi i r}{\Delta}\right) \tag{4.29}$$

を用いると, F_m は

$$F_m = \frac{1}{\Delta} \sum_{l=-\infty}^{\infty} \int_{-\infty}^{\infty} w(r) f(r) \exp\left\{-2\pi i \left(q_m - \frac{l}{\Delta}\right) r\right\} \mathrm{d}r \tag{4.30}$$

と書ける. ここで, $w(r)$ のフーリエ変換 $W(q)$

$$W(q) = \int_{-\infty}^{\infty} w(r) \exp(-2\pi i q r)\, \mathrm{d}r \tag{4.31}$$

と $F(q)$ の畳み込み積分 $(W * F)(q)$

$$(W * F)(q) = \int_{-\infty}^{\infty} W(q') F(q - q')\, \mathrm{d}q' \tag{4.32}$$

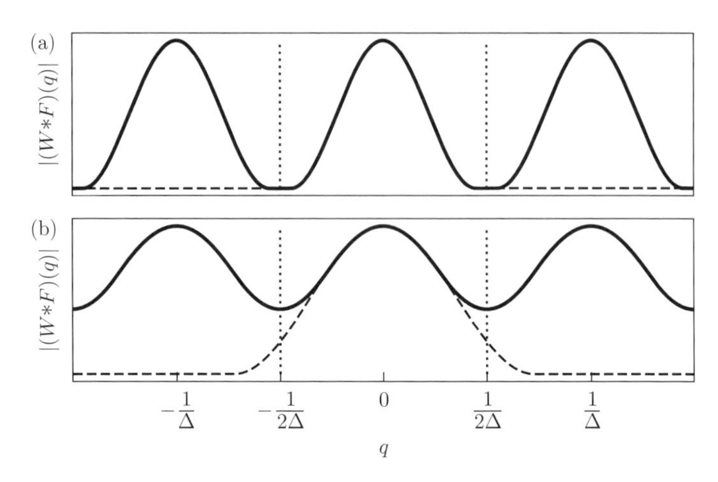

図 4.5　エリアシングの例．破線は $(W*q)(q)$ を表し，実線は $\sum_l (W*F)(q-l/\Delta)$ を表す．$|q| \geq 1/(2\Delta)$ において，(a) $(W*F)(q)=0$ の場合，(b) $(W*F)(q) \neq 0$ の場合．(a) では $|q| \leq 1/(2\Delta)$ において実線と破線は重なっている．

を用いると，

$$F_m = \frac{1}{\Delta} \sum_{l=-\infty}^{\infty} (W*F)\left(q_m - \frac{l}{\Delta}\right) \tag{4.33}$$

$$= \frac{1}{\Delta}(W*F)(q_m) + \frac{1}{\Delta} \sum_{l \neq 0} (W*F)\left(q_m - \frac{l}{\Delta}\right) \tag{4.34}$$

を得る．F_m は周期 $1/\Delta$ の周期関数である．F_m が $F(q_m)$ ではなく，式 (4.33) で与えられることが有限範囲での標本化の影響を表す．

以降では，$f(r)$ は実関数であるとする．このとき，$(W*F)(q) = (W*F)^*(-q)$ であることから，$\sum_l (W*F)(q-l/\Delta)$ は $0 \leq q \leq 1/(2\Delta)$ のみに独立な情報をもつ．ただし *（上付き）は複素共役を表す．もし，$|q| \geq 1/(2\Delta)$ において $(W*F)(q)=0$ ならば，$|q| \leq 1/(2\Delta)$ において式 (4.34) の第 2 項が 0 となるため，この範囲で $F_m = (W*F)(q_m)/\Delta$ となる．つまり，$|q| \leq 1/(2\Delta)$ では標本化により受ける影響はなく，有限範囲の測定に起因する窓関数の畳み込みの影響のみが残る（図 4.5(a)）．しかし，$|q| \geq 1/(2\Delta)$ で $(W*F)(q) \neq 0$ ならば，$|q| \leq 1/(2\Delta)$ において式 (4.34) の第 2 項が有限の寄与をもつ（図 4.5(b)）．この現象をエリアシング (aliasing) という．エリアシングが起こると，本来は

$|q| \geq 1/(2\Delta)$ にある信号が l/Δ だけずれて $|q| \leq 1/(2\Delta)$ の範囲で生じているかのように見える[6]．エリアシングを防ぐには，$q \geq 1/(2\Delta)$ で $(W * F)(q) \sim 0$ となるように，Δ を適切に小さく選ぶ必要がある．

式 (4.28) で与えられる矩形窓関数の畳み込みは，信号の大きな「もれ」をもたらす．矩形窓関数は両端で急峻に変化するため，図 4.4(b) に示すように，$|W(q)|$ が大きな高周波成分をもつことが原因である．そこで，滑らかな窓関数をあらかじめデータにかけておく前処理がよく行われる．たとえば，ハニング窓関数（図 4.4(c)）

$$w(r_l) = \frac{1}{2}\left(1 - \cos\frac{2\pi l}{N-1}\right), \quad (0 \leq l \leq N-1) \tag{4.35}$$

を用いると，図 4.4(d) に示すように，もれを大幅に抑えることができる．

有限範囲での測定は，フーリエ変換が有限の「ぼけ」をもつ原因ともなる．ぼけの目安を与える $|W(q)|$ の半値半幅は，図 4.4 で示されているように，（窓関数の種類によって異なるが）およそ $1/L$ 程度である．（L はデータ取得範囲の長さ．）したがって，フーリエ空間での分解能を上げるには，実空間で広い範囲のデータを取得することが必要となる．

4.3　微分コンダクタンス像の解釈

2.2 節で述べたように，STM での観測量であるトンネル電流は，探針の水平位置 $\boldsymbol{r}$，探針の高さ z，バイアス電圧 V に依存して変化する．式 (2.1) と式 (2.3) を合わせて，トンネル電流は

$$I(\boldsymbol{r}, z, V) = C\exp(-2\kappa(\boldsymbol{r})z)\int_{\epsilon_{\mathrm{F}}^{(\mathrm{s})}}^{\epsilon_{\mathrm{F}}^{(\mathrm{s})}+eV} \rho_{\mathrm{s}}(\boldsymbol{r}, \epsilon)\,\mathrm{d}\epsilon \tag{4.36}$$

と表される．ここで C は，$\boldsymbol{r}, z, V$ に依存しない係数である．測定時には，3 つの変数のうち，1 つまたは 2 つを固定して，残りを変化させることで情報を得

[6] エリアシングは $1/(2\Delta)$ に関する「折り返し」と表現されることもある．しかし，起こっていることは，式 (4.33) にあるように，l/Δ だけずれた信号の重なりである．折り返しとして理解できるのは 1 次元の場合のみであることに注意が必要である．

る．たとえば，$\boldsymbol{r}$ と z を固定して V を変化させて微分コンダクタンスを測定すると，その位置における局所状態密度 $\rho_{\mathrm{s}}(\boldsymbol{r}, \epsilon)$ が得られる（式 (2.2)）．この測定を測定範囲内の各 $\boldsymbol{r}$ について繰り返すのがSI-STM測定である．

通常の定電流モードで走査を行う場合，z は位置によって変化し，一定値ではないことに注意が必要である．バイアス電圧 V_{set} において，探針制御のフィードバックのトンネル電流設定値を I_{set} とした場合，探針の軌跡 $z_{\mathrm{cc}}(\boldsymbol{r}, V_{\mathrm{set}}, I_{\mathrm{set}})$ は，式 (4.36) より，

$$z_{\mathrm{cc}}(\boldsymbol{r}, V_{\mathrm{set}}, I_{\mathrm{set}}) = \frac{1}{2\kappa(\boldsymbol{r})} \ln \left\{ \frac{C}{I_{\mathrm{set}}} \int_{\epsilon_{\mathrm{F}}^{(\mathrm{s})}}^{\epsilon_{\mathrm{F}}^{(\mathrm{s})}+eV_{\mathrm{set}}} \rho_{\mathrm{s}}(\boldsymbol{r}, \epsilon)\, \mathrm{d}\epsilon \right\} \tag{4.37}$$

と表される．

z が一定値ではなく構造をもつことは，微分コンダクタンス像の解釈に大きな影響を与える．式 (4.37) より，定電流STM像は試料の積分局所状態密度に関する情報を反映するため，積分局所状態密度が周囲より大きい（小さい）部分は，凸（凹）として観測される．これに応じて，局所状態密度と微分コンダクタンスの比例定数も場所によって変化する．そのため，局所状態密度像と微分コンダクタンス像の間には一般には比例関係は成り立たない．

微分コンダクタンス像 $g(\boldsymbol{r}, z, V)$ は，式 (4.36) より

$$g(\boldsymbol{r}, z, V) \equiv \frac{\partial I(\boldsymbol{r}, z, V)}{\partial V} = Ce \exp(-2\kappa(\boldsymbol{r})z) \rho_{\mathrm{s}}(\boldsymbol{r}, \epsilon_{\mathrm{F}}^{(\mathrm{s})} + eV) \tag{4.38}$$

である．前述の通り，$z = z_{\mathrm{cc}}(\boldsymbol{r}, V_{\mathrm{set}}, I_{\mathrm{set}})$ であることをふまえると，式 (4.37) を用いて，

$$g(\boldsymbol{r}, V, V_{\mathrm{set}}, I_{\mathrm{set}}) = \frac{eI_{\mathrm{set}} \rho_{\mathrm{s}}(\boldsymbol{r}, \epsilon_{\mathrm{F}}^{(\mathrm{s})} + eV)}{\displaystyle\int_{\epsilon_{\mathrm{F}}^{(\mathrm{s})}}^{\epsilon_{\mathrm{F}}^{(\mathrm{s})}+eV_{\mathrm{set}}} \rho_{\mathrm{s}}(\boldsymbol{r}, \epsilon)\, \mathrm{d}\epsilon} \tag{4.39}$$

となる．微分コンダクタンス像は，局所状態密度像とそのエネルギー積分の比になっている．エネルギー積分は走査時のバイアス電圧 V_{set}（セットポイント）で決まるため，これを「セットポイント効果」とよぶ [10]．同様にして，トンネル電流像にも同じセットポイント効果が現れる．

$$I(\boldsymbol{r}, V, V_{\mathrm{set}}, I_{\mathrm{set}}) = \frac{I_{\mathrm{set}} \displaystyle\int_{\epsilon_{\mathrm{F}}^{(\mathrm{s})}}^{\epsilon_{\mathrm{F}}^{(\mathrm{s})}+eV} \rho_s(\boldsymbol{r}, \epsilon)\,\mathrm{d}\epsilon}{\displaystyle\int_{\epsilon_{\mathrm{F}}^{(\mathrm{s})}}^{\epsilon_{\mathrm{F}}^{(\mathrm{s})}+eV_{\mathrm{set}}} \rho_s(\boldsymbol{r}, \epsilon)\,\mathrm{d}\epsilon} \tag{4.40}$$

セットポイント効果の現れ方は大きく 2 つある．直接的なものは，試料の電子状態に空間不均一があり，式 (4.39) 分母が空間的な構造をもつ場合である．このとき，バイアス電圧 V での微分コンダクタンス像には，エネルギー eV での局所状態密度像に加えて，異なるエネルギー範囲（0 から eV_{set} の間）に起源をもつ構造が混じる．V_{set} を変えたときに観測される構造が変わる場合には，その特徴はセットポイント効果が原因である．また，$g(\boldsymbol{r}, V, V_{\mathrm{set}}, I_{\mathrm{set}})$ のフーリエ変換 $G(\boldsymbol{q}, V, V_{\mathrm{set}}, I_{\mathrm{set}})$ が V に依存しない構造をもつ場合，その構造はセットポイント効果に起因する可能性がある．

セットポイント効果のもう 1 つの現れ方は，0 と V_{set} の間でバイアス電圧を変えたときに，微分コンダクタンス像の明暗が反転する（周囲との値の相対的な大小が逆転する）ことである．先の例とは異なり，試料の電子状態に不均一がなくても起こる．これは，$G(\boldsymbol{q}, V, V_{\mathrm{set}}, I_{\mathrm{set}})$ を V で積分することで確かめることができる．

$$\begin{aligned}
&\int_0^{V_{\mathrm{set}}} G(\boldsymbol{q}, V, V_{\mathrm{set}}, I_{\mathrm{set}})\,\mathrm{d}V \\
&= \int_0^{V_{\mathrm{set}}} \mathrm{d}V \int \mathrm{d}\boldsymbol{r}\, g(\boldsymbol{r}, V, V_{\mathrm{set}}, I_{\mathrm{set}}) \exp(-i\boldsymbol{q}\cdot\boldsymbol{r}) && (4.41) \\
&= \int_0^{V_{\mathrm{set}}} \mathrm{d}V\, g(\boldsymbol{r}, V, V_{\mathrm{set}}, I_{\mathrm{set}}) \int \mathrm{d}\boldsymbol{r} \exp(i\boldsymbol{q}\cdot\boldsymbol{r}) && (4.42) \\
&= I_{\mathrm{set}}\delta(\boldsymbol{q}) && (4.43)
\end{aligned}$$

波数 $\boldsymbol{q} = 0$ 以外で積分は 0 になる．つまり，$G(\boldsymbol{q} \neq 0, V, V_{\mathrm{set}}, I_{\mathrm{set}})$ は，バイアス電圧が 0 から V_{set} の間のどこかで少なくとも一度は符号反転を起こす．すべての波数において同じバイアス電圧で符号反転を起こすとは限らないが，$V_{\mathrm{set}}/2$ 近辺で符号反転が起こることが多い．その結果が，明暗の反転として観測される．

セットポイント効果の原因は式 (4.39) の分母である．したがって，分母を何らかの方法で消去できれば，セットポイント効果を避けることができる．効果的な方法は，同じ分母をもつ量で比をとることである [10]．測定後の数値的な方法として，たとえば以下の量が使われる[7]．

$$Z(\boldsymbol{r}, V) \equiv \frac{g(\boldsymbol{r}, +V, V_{\mathrm{set}}, I_{\mathrm{set}})}{g(\boldsymbol{r}, -V, V_{\mathrm{set}}, I_{\mathrm{set}})} = \frac{\rho_{\mathrm{s}}(\boldsymbol{r}, \epsilon_{\mathrm{F}}^{(\mathrm{s})} + eV)}{\rho_{\mathrm{s}}(\boldsymbol{r}, \epsilon_{\mathrm{F}}^{(\mathrm{s})} - eV)} \tag{4.44}$$

$$R(\boldsymbol{r}, V) \equiv \frac{I(\boldsymbol{r}, +V, V_{\mathrm{set}}, I_{\mathrm{set}})}{I(\boldsymbol{r}, -V, V_{\mathrm{set}}, I_{\mathrm{set}})} = \frac{\displaystyle\int_0^{\epsilon_{\mathrm{F}}^{(\mathrm{s})}+eV} \rho_{\mathrm{s}}(\boldsymbol{r}, \epsilon)\, \mathrm{d}\epsilon}{\displaystyle\int_0^{\epsilon_{\mathrm{F}}^{(\mathrm{s})}-eV} \rho_{\mathrm{s}}(\boldsymbol{r}, \epsilon)\, \mathrm{d}\epsilon} \tag{4.45}$$

$$L(\boldsymbol{r}, V) \equiv \frac{g(\boldsymbol{r}, +V, V_{\mathrm{set}}, I_{\mathrm{set}})}{I(\boldsymbol{r}, -V, V_{\mathrm{set}}, I_{\mathrm{set}})/V} = \frac{eV\rho_{\mathrm{s}}(\boldsymbol{r}, \epsilon_{\mathrm{F}}^{(\mathrm{s})} + eV)}{\displaystyle\int_{\epsilon_{\mathrm{F}}^{(\mathrm{s})}}^{\epsilon_{\mathrm{F}}^{(\mathrm{s})}+eV} \rho_{\mathrm{s}}(\boldsymbol{r}, \epsilon)\, \mathrm{d}\epsilon} \tag{4.46}$$

式 (4.44) は，試料の電子状態がフェルミエネルギーの上下で逆位相の空間的な構造をもつ場合に特に有効であり，銅酸化物高温超伝導体の研究でよく用いられている（第6章）．式 (4.46) は式 (4.39) と似ているが分母が V_{set} には依存しておらず，セットポイント効果が回避されている．一方で，式 (4.44), (4.45), (4.46) のいずれも低バイアス電圧では分母の値が小さくなるために信号雑音比が悪化する．試料の電子状態の特徴に応じて，式 (4.39) を含めたどの量を用いるかを決める必要がある．

[7] $\partial I/\partial V$ を I/V で規格化した $L(\boldsymbol{r}, V)$（式 (4.46)）は，セットポイント効果低減のために用いられる以前には，バンド端などの微分コンダクタンススペクトルに現れる特徴抽出に用いられており，フェーンストラ関数とよばれる [11]．

第5章 準粒子干渉

5.1 準粒子干渉とは何か

微分コンダクタンス像（あるいはSTM像）において，不純物やステップエッジなど結晶内や結晶表面の周期性を乱す欠陥の周囲に，波状変調構造が観測されることがある（図 5.1 (a), (b)）．この波状構造を準粒子干渉 (quasiparticle interference, QPI) という．準粒子干渉は最初，貴金属表面において発見された [12,13][1]．その後，半導体 [14,15]，高温超伝導体 [16,17]，重いフェルミオン化合物 [18,19]，グラフェン [20]，トポロジカル絶縁体 [21,22] など，これまでに多くの物質で準粒子干渉が観測されてきた．

後で詳しく述べるように，準粒子干渉の波数は試料の電子状態の波数を反映する [12,13,15,16,18–22]．そのため，準粒子干渉を詳しく観測することで，電子状態の実空間情報と波数空間情報を同時に得ることができる．さらに，準粒子干渉には多彩な情報が含まれることがこれまでの研究で明らかにされてきた．準粒子の散乱断面積 [14]，寿命 [23] だけでなく，超伝導のコヒーレンス因子 [17,24] や多体効果 [25]，そしてスピン [26]，軌道 [27]，カイラリティー [28] といった波動関数の自由度に関する情報などである．このため，準粒子干渉測定は，SI-STM による電子状態イメージングの中心的課題の 1 つとなる．そこで，本章では準粒子干渉について詳しく見ていくことにする．

[1] 発見当初には「電子定在波」(electron standing wave) とよばれた．その後，銅酸化物高温超伝導体での研究において「準粒子干渉」という用語が使われ，それが超伝導以外の文脈においても使われることが増えた．両者は同じ現象を指す．

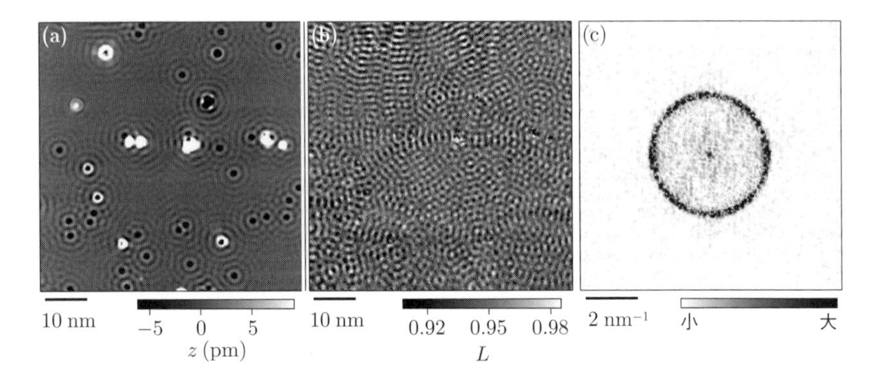

図 5.1　銅 (111) 表面における準粒子干渉の例．(a) STM 像．走査範囲は 62 nm×62 nm，走査電流・電圧は −0.1 V, 10 pA．(b) −30 mV における規格化微分コンダクタンス像（式 (4.46)）．走査領域は (a) と同じ．(c) (b) のフーリエ変換像．

5.2　直感的な説明

固体中の波数 $\boldsymbol{k}$，エネルギー $E(\boldsymbol{k})$ の電子を考える．簡単のために，波動関数は平面波 $\psi_{\boldsymbol{k}}(\boldsymbol{r}) = e^{i\boldsymbol{k}\cdot\boldsymbol{r}}$ とする．この状態では，局所状態密度

$$\rho_{\mathrm{s}}(\boldsymbol{r}, \epsilon) = \sum_{\boldsymbol{k}} |\psi_{\boldsymbol{k}}(\boldsymbol{r})|^2 \delta\{\epsilon - E(\boldsymbol{k})\} \tag{5.1}$$

に空間変調は現れない．ここで，波数 $\boldsymbol{k}$ の電子が不純物によって波数 $\boldsymbol{k}'$ へ弾性散乱されたとする．入射波 $\psi_{\boldsymbol{k}}(\boldsymbol{r})$ と散乱波 $\psi_{\boldsymbol{k}'}(\boldsymbol{r})$ が重ね合わさると，空間変調が現れる．

$$|\psi_{\boldsymbol{k}}(\boldsymbol{r}) + \psi_{\boldsymbol{k}'}(\boldsymbol{r})|^2 = 2 + 2\cos\left\{(\boldsymbol{k} - \boldsymbol{k}')\cdot\boldsymbol{r}\right\} \tag{5.2}$$

空間変調の波数は $\boldsymbol{q} = \boldsymbol{k} - \boldsymbol{k}'$ で与えられる．これは，2 つの波の干渉によって定在波が生じる過程に他ならない．そのため，準粒子干渉もまた電子波の散乱干渉による定在波である，と理解できそうである．実際に，この関係は準粒子干渉の波数と元になる電子状態の波数の関係をよく示している．このような直感的描像に基づいて電子状態と準粒子干渉を結びつけるモデルに結合状態密度 (Joint density of states, JDOS) モデルがある．

結合状態密度モデルでは，電子状態の表現としてスペクトル関数 $A(\boldsymbol{k},\epsilon)$ を用いる．$A(\boldsymbol{k},\epsilon)$ は，エネルギー ϵ，波数 $\boldsymbol{k}$ の準粒子励起密度を表し，$A(\boldsymbol{k},E(\boldsymbol{k}))$ でピークをもつ．すなわち，エネルギーをある値 ϵ に固定して考えると，$A(\boldsymbol{k},\epsilon)$ は $\epsilon=E(\boldsymbol{k})$ を満たす $\boldsymbol{k}$ 近傍だけで値をもつ．結合状態密度モデルでは，波数 $\boldsymbol{q}$ の準粒子干渉の強度は，$\epsilon=E(\boldsymbol{k})=E(\boldsymbol{k}-\boldsymbol{q})$ を満たす状態の準粒子励起密度の和

$$|\rho_{\mathrm{s}}(\boldsymbol{q},\epsilon)|\propto\int A(\boldsymbol{k},\epsilon)A(\boldsymbol{k}-\boldsymbol{q},\epsilon)\mathrm{d}\boldsymbol{k} \tag{5.3}$$

で与えられると考える．式 (5.3) 左辺は $\rho_{\mathrm{s}}(\boldsymbol{r},\epsilon)$ のフーリエ変換 $\rho_{\mathrm{s}}(\boldsymbol{q},\epsilon)=\int\rho_{\mathrm{s}}(\boldsymbol{r},\epsilon)e^{-i\boldsymbol{q}\cdot\boldsymbol{r}}\,\mathrm{d}\boldsymbol{r}$ の振幅である．表記の簡潔さを優先し，実空間と波数空間で同じ記号 ρ_{s} を用いる．式 (5.3) 右辺は $A(\boldsymbol{k},\epsilon)$ の自己相関関数であり，結合状態密度とよばれる．$A(\boldsymbol{k},\epsilon)$ は，ARPES で観測される光電子強度と密接な関連がある．そのため，結合状態密度モデルは，ARPES と SI-STM という 2 つの異なる実験手法の結果を結びつける場合がある [29,30].

結合状態密度モデルは直感的に理解しやすく，計算も容易である．一方で，多くの単純化をしているため，実際の観測結果と符合しないところが出てくる．その一例として，貴金属の表面状態バンドを考える．このバンドは単純な 2 次元放物線分散をもち，等エネルギー面は円となる．この円上にある任意の 2 つの波数 $\boldsymbol{k}_0,\boldsymbol{k}_0'$ ($|\boldsymbol{k}_0|=|\boldsymbol{k}_0'|$) から得られる $\boldsymbol{q}=\boldsymbol{k}_0-\boldsymbol{k}_0'$ は，$\boldsymbol{q}$ 空間において半径 $2|\boldsymbol{k}_0|$ の円内に分布する．結合状態密度モデルは，期待されるように半径 $2|\boldsymbol{k}_0|$ の円内で強度を与える（図 5.2）．しかし，実際の実験結果は，図 5.1(c) に示すように半径 $2|\boldsymbol{k}_0|$ の円近傍でのみ強度をもつ．結合状態密度モデルは，この例で示されているように，現実に観測されるよりも多くの波数で準粒子干渉が生じるとする結果を与える傾向にある．

そもそも，本当に散乱干渉が起きているとすると，散乱によって状態が変化するフェルミエネルギー近傍 $k_{\mathrm{B}}T$ の範囲でのみ準粒子干渉が観測されるはずである．実際にはフェルミエネルギーから離れたエネルギーでも準粒子干渉は観測されるので，入射波と散乱波の散乱干渉という描像は厳密には正しくない．より正しい理解として，不純物や欠陥による摂動によって，異なる波数をもつ状態の重ね合わせが生じた結果が準粒子干渉であることを次節で述べる．その

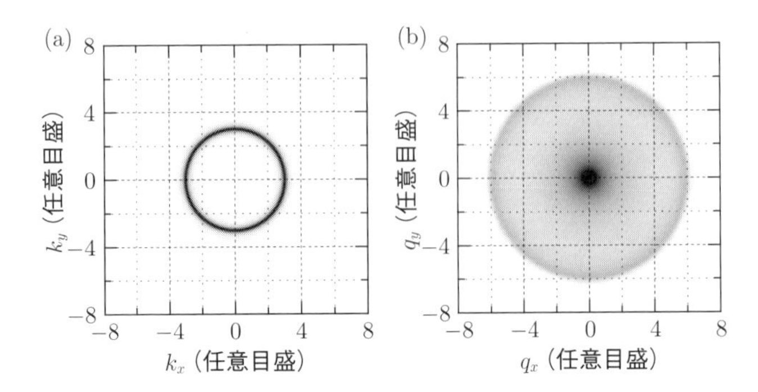

図 5.2　結合状態密度モデルによる計算結果. (a) は $A(\boldsymbol{k}, \epsilon)$ のあるエネルギーにおける値を示し, (b) は式 (5.3) による計算結果を示す.

結果, 直感的な理解では困難である準粒子干渉の強度分布についての予測が得られ, それらがスピンなどの内部自由度に関する情報や散乱体に関する情報を反映することがわかる.

5.3　準粒子干渉の定式化

微分コンダクタンス像と局所状態密度の間には対応関係（式 (4.39)）がある. すなわち, 局所状態密度がわかれば観測量である微分コンダクタンス像も計算できる. 一方で, 一般に測定によって知りたい量は, バンド構造などの不純物がない場合の（一様な）電子状態に関する情報である. したがって, この節の目標は, 不純物が存在するときの局所状態密度を一様な電子状態を用いて表現することである. そこで, 不純物による影響は小さいと仮定し, 不純物ポテンシャルを摂動として取り扱うことで局所状態密度を表現することを考える.

局所状態密度をグリーン関数 $\hat{G}$ を用いて表すと

$$\rho_{\mathrm{s}}(\boldsymbol{r}, \epsilon) = -\frac{1}{\pi} \operatorname{Im} \left\{ \operatorname{Tr} \hat{G}(\boldsymbol{r}, \boldsymbol{r}, \epsilon) \right\} \tag{5.4}$$

である [31]. スピンなどの内部自由度を考慮に入れるため, グリーン関数は行列で記述される. ハットは行列であることを示す. この節の目標は, 散乱ポテンシャル $\hat{V}_{\mathrm{imp}}$ を摂動として取り扱い, $\hat{V}_{\mathrm{imp}}$ が存在しないときの非摂動グリー

ン関数 $\hat{G}_0$ と $\hat{V}_{\mathrm{imp}}$ を用いて $\hat{G}$ を表現すること，と言い換えることができる．波数空間での記述のために，式 (5.4) をフーリエ変換すると，

$$\rho_{\mathrm{s}}(\boldsymbol{q},\epsilon) = -\frac{1}{2\pi i}\int \mathrm{Tr}\left\{\hat{G}(\boldsymbol{k},\boldsymbol{k}-\boldsymbol{q},\epsilon) - \hat{G}^*(\boldsymbol{k},\boldsymbol{k}+\boldsymbol{q},\epsilon)\right\}\mathrm{d}\boldsymbol{k} \tag{5.5}$$

となる．

簡単のために，不純物は実空間で原点に 1 個だけ存在する場合を考える．実際の物質中には，複数種類の不純物・欠陥が点在する．しかし，ランダムに分布した弱い散乱体の場合には，それらを 1 個の不純物で代表させるモデルが良い近似になっている [32]．散乱体の濃度が準粒子干渉全体の強度に影響を与えるだけで，分布は影響を与えないためである．散乱ポテンシャルのフーリエ変換 $\hat{V}_{\mathrm{imp}}(\boldsymbol{k},\boldsymbol{k}')$ を用いて，摂動の一般論により $\hat{G}$ は次のように表される．

$$\begin{aligned}\hat{G}(\boldsymbol{k},\boldsymbol{k}',\epsilon) &= \hat{G}_0(\boldsymbol{k},\epsilon)\delta_{\boldsymbol{k},\boldsymbol{k}'} + \hat{G}_0(\boldsymbol{k},\epsilon)\hat{V}_{\mathrm{imp}}(\boldsymbol{k},\boldsymbol{k}')\hat{G}_0(\boldsymbol{k}',\epsilon)\\ &\quad + \int \hat{G}_0(\boldsymbol{k},\epsilon)\hat{V}_{\mathrm{imp}}(\boldsymbol{k},\boldsymbol{p})\hat{G}_0(\boldsymbol{p},\epsilon)\hat{V}_{\mathrm{imp}}(\boldsymbol{p},\boldsymbol{k}')\hat{G}_0(\boldsymbol{k}',\epsilon)\,\mathrm{d}\boldsymbol{p} + \cdots\end{aligned} \tag{5.6}$$

この無限級数は T 行列

$$\hat{T}(\boldsymbol{k},\boldsymbol{k}',\epsilon) = \hat{V}_{\mathrm{imp}}(\boldsymbol{k},\boldsymbol{k}') + \int \hat{V}_{\mathrm{imp}}(\boldsymbol{k},\boldsymbol{p})\hat{G}_0(\boldsymbol{p},\epsilon)\hat{T}(\boldsymbol{p},\boldsymbol{k}',\epsilon)\,\mathrm{d}\boldsymbol{p} \tag{5.7}$$

を用いると

$$\hat{G}(\boldsymbol{k},\boldsymbol{k}',\epsilon) = \hat{G}_0(\boldsymbol{k},\epsilon)\delta_{\boldsymbol{k},\boldsymbol{k}'} + \hat{G}_0(\boldsymbol{k},\epsilon)\hat{T}(\boldsymbol{k},\boldsymbol{k}',\epsilon)\hat{G}_0(\boldsymbol{k}',\epsilon) \tag{5.8}$$

と書くことができる．

$A(\boldsymbol{k},\epsilon) = -(1/\pi)\,\mathrm{Im}\left\{\mathrm{Tr}\,\hat{G}_0(\boldsymbol{k},\epsilon)\right\}$ を踏まえて式 (5.3) と式 (5.5)–(5.8) を比較すると，後者では各波数における位相の効果が取り入れられていることがわかる．同じ $\boldsymbol{k}-\boldsymbol{k}'$ を与える異なる $\boldsymbol{k}$ と $\boldsymbol{k}'$ の組が作る空間変調の位相の打ち消しを考えると，電子の群速度 $\boldsymbol{v}(\boldsymbol{k}) = \boldsymbol{\nabla}E(\boldsymbol{k})/\hbar$ が $\boldsymbol{v}(\boldsymbol{k}) /\!/ \boldsymbol{v}(\boldsymbol{k}') /\!/ \boldsymbol{k}-\boldsymbol{k}'$ であるような $\boldsymbol{k}$ と $\boldsymbol{k}'$ の組のみが主要な寄与をもたらす [33]．5.2 節で例示した 2 次元放物線バンドの場合，この条件を満たすのは $\boldsymbol{k}$ と $-\boldsymbol{k}$ の組である．そのため，

準粒子干渉は $\boldsymbol{q}$ 空間において，半径 $2|\boldsymbol{k}|$ の円近傍で強度をもつ[2)]．

ここまでで，$\hat{G}_0$ と $\hat{V}_{\rm imp}$ を用いて $\hat{G}$ を表すことができた．しかし，このままでは物理的な洞察を得ることはむずかしい．そこで，式 (5.6) を $\hat{V}_{\rm imp}$ の 1 次までについて考え，第 3 項以降を無視する（ボルン近似）．また，$\hat{G}_0$ を非摂動ハミルトニアンの固有値と固有関数を用いて，

$$\hat{G}_0(\boldsymbol{k},\epsilon) = \sum_n g_n(\boldsymbol{k},\epsilon)\,|\psi_n(\boldsymbol{k})\rangle\langle\psi_n(\boldsymbol{k})| \tag{5.9}$$

$$g_n(\boldsymbol{k},\epsilon) = \{\epsilon + i\eta - E_n(\boldsymbol{k})\}^{-1} \tag{5.10}$$

と記述する．$E_n(\boldsymbol{k})$, $|\psi_n(\boldsymbol{k})\rangle$ はそれぞれ n 番目の固有値，固有関数である．η は状態の寿命の逆数に対応する．式 (5.6) 第 1 項は空間的に均一な項であるため，空間変調を与える第 2 項に着目して，局所状態密度を書き下すと，

$$\rho_{\rm s}(\boldsymbol{q},\epsilon) \simeq -\frac{1}{\pi}\sum_{m,n}\int \delta\rho_{mn}(\boldsymbol{k},\boldsymbol{k}-\boldsymbol{q},\epsilon)\,{\rm d}\boldsymbol{k} \tag{5.11}$$

$$\begin{aligned}\delta\rho_{mn}(\boldsymbol{k},\boldsymbol{k}',\epsilon) &= {\rm Im}\left\{g_n(\boldsymbol{k},\epsilon)g_m(\boldsymbol{k}',\epsilon)\right\}\\ &\quad\times\left\langle\psi_n(\boldsymbol{k})\middle|\hat{V}_{\rm imp}(\boldsymbol{k},\boldsymbol{k}')\middle|\psi_m(\boldsymbol{k}')\right\rangle\left\langle\psi_m(\boldsymbol{k}')\middle|\psi_n(\boldsymbol{k})\right\rangle\end{aligned} \tag{5.12}$$

となる．

式 (5.12) には準粒子干渉の基本的性質が集約されている．準粒子干渉は，エネルギー項・散乱項（散乱振幅）・干渉項（内積）の 3 つの項の積で表される寄与の足し合わせである．すなわち，準粒子干渉は不純物に対する系の応答として異なる波数の電子波が混じり合った結果であり，その混合が散乱干渉として記述される．実際に電子波の散乱干渉が起きるわけではないため，準粒子干渉の出現はフェルミエネルギー近傍に限定されない．また，式 (5.12) が 3 項の積であるということは，いずれかの項がゼロになるような $\boldsymbol{k}$ と $\boldsymbol{k}'$ の組は準粒子干渉に（$\hat{V}_{\rm imp}$ の 1 次の範囲で）寄与しないことを意味する．このため，準粒子干渉は電子状態を反映した特徴的な強度分布を示す．次節でいくつかの例を紹

2) バンド構造が単純な場合は，準粒子干渉パターンからバンド構造を簡単に再構成できる例になっている．しかし，一般には観測された $\boldsymbol{q}$ から元の $\boldsymbol{k}$, $\boldsymbol{k}'$ は一意に決まらない．すなわち，準粒子干渉パターンからバンド分散の情報を得る解析は，逆問題を解くことに相当する．

介する．

5.4 準粒子干渉の強度分布

前節では，準粒子干渉への各波数からの寄与が 3 項の積として表されることを見た．それぞれの項が準粒子干渉の強度の波数分布に異なった影響を与える．その特徴を見ていく．

5.4.1 群速度

式 (5.10) を用いると，エネルギー項は，

$$\begin{aligned}\mathrm{Im}\left\{g_n(\boldsymbol{k},\epsilon)g_m(\boldsymbol{k}',\epsilon)\right\} &= \frac{\eta}{\{\epsilon - E_n(\boldsymbol{k})\}^2+\eta^2}\frac{\eta}{\{\epsilon - E_m(\boldsymbol{k}')\}^2+\eta^2} \\ &\quad\times\left(\frac{\epsilon - E_n(\boldsymbol{k})}{-\eta}+\frac{\epsilon - E_m(\boldsymbol{k}')}{-\eta}\right)\end{aligned} \tag{5.13}$$

と書き換えられる．1 行目の 2 つの因子は幅 η のローレンツ関数であり，$\epsilon = E_n(\boldsymbol{k}) = E_m(\boldsymbol{k}')$ を満たす $\boldsymbol{k}$, $\boldsymbol{k}'$ 上で最大値をとる．一方，最後の括弧内は，$\epsilon = E_n(\boldsymbol{k}) = E_m(\boldsymbol{k}')$ を満たす $\boldsymbol{k}$, $\boldsymbol{k}'$ 上でゼロとなる．すなわち，実際に観測される準粒子干渉の信号は，$\epsilon = E_n(\boldsymbol{k}) = E_m(\boldsymbol{k}')$ を満たす状態ではなく，そこからエネルギーが η 程度の範囲内でずれた状態が作り出している．

準粒子干渉への主要な寄与は，群速度が散乱ベクトルと平行であるような $\boldsymbol{k}$, $\boldsymbol{k}'$ の組から得られることを 5.3 節で述べた．エネルギー項に由来して，群速度には更なる制限が加わる．それは，「群速度が同じ向きであれば準粒子干渉に寄与しない」である [34]．これらの関係を比例定数 $c_n(\boldsymbol{k})$, $c_m(\boldsymbol{k}')$ を用いて表現すると，「$\boldsymbol{v}_n(\boldsymbol{k})/c_n(\boldsymbol{k}) = \boldsymbol{v}_m(\boldsymbol{k}')/c_m(\boldsymbol{k}') = \boldsymbol{k} - \boldsymbol{k}'$，かつ，$c_n(\boldsymbol{k})c_m(\boldsymbol{k}') < 0$ を満たす $\boldsymbol{k}$, $\boldsymbol{k}'$ の組が準粒子干渉に寄与する」となる（図 5.3）．

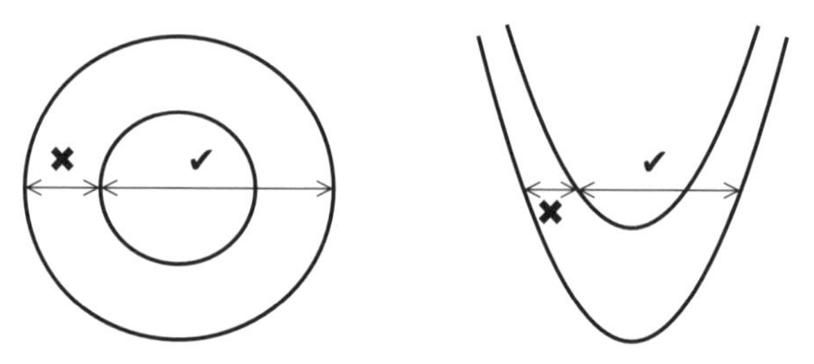

図 5.3　群速度と散乱ベクトルと準粒子干渉の関係．左はバンド構造の等エネルギー面，右はバンド分散の模式図である．群速度と散乱ベクトルが平行であるような波数の組のうち，群速度の向きが同じものについては準粒子干渉が生じない．

5.4.2　非磁性散乱

準粒子干渉が非磁性不純物によって引き起こされる場合を考える．つまり，散乱行列がポテンシャル $V_0(\boldsymbol{r})$ に比例する，すなわち $\hat{I}$ を単位行列として，$\hat{V}_{\mathrm{imp}}(\boldsymbol{r}) = V_0(\boldsymbol{r})\hat{I}$ であるとする．このとき，

$$\hat{V}_{\mathrm{imp}}(\boldsymbol{k}, \boldsymbol{k}') = \hat{I} \int V_0(\boldsymbol{r}) e^{-i(\boldsymbol{k}-\boldsymbol{k}')\cdot\boldsymbol{r}}\, \mathrm{d}\boldsymbol{r} = V_0(\boldsymbol{k}-\boldsymbol{k}')\hat{I} \tag{5.14}$$

となるので，式 (5.12) は

$$\delta\rho_{mn}(\boldsymbol{k}, \boldsymbol{k}', \epsilon) = -\frac{V_0(\boldsymbol{k}-\boldsymbol{k}')}{\pi} \mathrm{Im}\left\{g_n(\boldsymbol{k}, \epsilon) g_m(\boldsymbol{k}', \epsilon)\right\} \left|\left\langle \psi_m(\boldsymbol{k}') \middle| \psi_n(\boldsymbol{k}) \right\rangle\right|^2 \tag{5.15}$$

となる．$V_0(\boldsymbol{k}-\boldsymbol{k}') = V_0(\boldsymbol{q})$ は，式 (5.11) での $\boldsymbol{k}$ についての積分の外に出る．つまり，$V_0(\boldsymbol{q})$ は準粒子干渉における構造因子と見ることができる．通常，$|\boldsymbol{q}|$ の増加とともに $|V_0(\boldsymbol{q})|$ は減少するため，$|\boldsymbol{q}|$ の大きなところで準粒子干渉の信号は小さくなる．

式 (5.15) からはスピンの向きと準粒子干渉強度の関係もわかる．スピン期待値 $\boldsymbol{S}_n(\boldsymbol{k}) = \langle \psi_n(\boldsymbol{k}) | \hat{\boldsymbol{\sigma}} | \psi_m(\boldsymbol{k}') \rangle$ を用いると，

$$\left|\left\langle \psi_m(\boldsymbol{k}') \middle| \psi_n(\boldsymbol{k}) \right\rangle\right|^2 = \frac{\boldsymbol{S}_n(\boldsymbol{k}) \cdot \boldsymbol{S}_m(\boldsymbol{k}') + 1}{2} \tag{5.16}$$

である．ただし，$\hat{\boldsymbol{\sigma}}$ はパウリ行列 ($\hat{\sigma}_i$, $i = x$, y, z) を成分とするベクトルである．そもそも，スピンの向きが反対であるような 2 状態は $\langle \psi_m(\boldsymbol{k}') | \psi_n(\boldsymbol{k}) \rangle = 0$

であるため，式 (5.12) の干渉項が 0 であり準粒子干渉へ寄与しない．それに加えて式 (5.16) が意味するのは，散乱体が非磁性不純物の場合には，スピンの向きと準粒子干渉強度の間にはより具体的な関係 — 2 状態のスピンのなす角 $\theta_{\boldsymbol{k},\boldsymbol{k}'}$ に対して $\cos\theta_{\boldsymbol{k},\boldsymbol{k}'}$ の形で依存性がある — ということである．

5.4.3 磁性散乱

準粒子干渉が磁性不純物によって引き起こされる場合はどうなるだろうか? 実験的には，試料に磁性不純物が含まれていても，準粒子干渉パターンは非磁性不純物のみの場合と変わらないことが知られている [35,36]．そして，理論的には，磁性不純物は $\hat{V}_{\rm imp}$ の 1 次の範囲で準粒子干渉を起こさないことが指摘されている [37,38]．つまり，試料中に磁性不純物が存在してもそのポテンシャル部分のみが準粒子干渉に寄与するため，観測される準粒子干渉は非磁性不純物のみの場合と同様のものになる．これは，散乱体の時間反転に対する偶奇性を反映した選択則として，式 (5.12) に基づいて以下のように理解できる．

試料の非摂動状態に時間反転対称性があるとき，準粒子干渉への寄与は，式 (5.12) で表されるような $\boldsymbol{k} \to \boldsymbol{k}'$ という過程からの寄与とその時間反転過程 $-\boldsymbol{k}' \to -\boldsymbol{k}$ からの寄与が常に対になって存在する．後者の寄与は，

$$
\begin{aligned}
\delta\rho_{mn}(-\boldsymbol{k}', -\boldsymbol{k}, \epsilon) &= \mathrm{Im}\left\{g_n(\boldsymbol{k}, \epsilon) g_m(\boldsymbol{k}', \epsilon)\right\} \\
&\times \left\langle \psi_n(\boldsymbol{k}) \middle| \hat{\Theta}\hat{V}_{\rm imp}(-\boldsymbol{k}, -\boldsymbol{k}')\hat{\Theta}^{-1} \middle| \psi_m(\boldsymbol{k}') \right\rangle \left\langle \psi_m(\boldsymbol{k}') \middle| \psi_n(\boldsymbol{k}) \right\rangle \qquad (5.17)
\end{aligned}
$$

と与えられる [39]．$\hat{\Theta}$ は時間反転演算子である．式 (5.12) と式 (5.17) を比較すると，両者は散乱項のみが異なり，その差異は $\hat{V}_{\rm imp}(\boldsymbol{k}, \boldsymbol{k}')$ と $\hat{\Theta}\hat{V}_{\rm imp}(-\boldsymbol{k}, -\boldsymbol{k}')\hat{\Theta}^{-1}$ によって与えられることがわかる．

磁気モーメント $\boldsymbol{m}$ をもつ局所的な磁性不純物 ($\hat{V}_{\rm mag} = \boldsymbol{m}\cdot\hat{\boldsymbol{\sigma}}$) は，時間反転に対して奇 ($\hat{\Theta}\hat{V}_{\rm mag}\hat{\Theta}^{-1} = -\hat{V}_{\rm mag}$) である．そのため，$\delta\rho_{mn}(\boldsymbol{k}, \boldsymbol{k}', \epsilon) = -\delta\rho_{mn}(-\boldsymbol{k}', -\boldsymbol{k}, \epsilon)$ となり，時間反転過程からの準粒子干渉への寄与は互いに打ち消し合う．そのため，磁性不純物を散乱体とした準粒子干渉は（$\hat{V}_{\rm imp}$ の 1 次の範囲で）生じない．

この選択則は，定性的には以下のように理解できる．局所的な磁性不純物に対して，アップスピンをもつ電子とダウンスピンをもつ電子が感じるポテンシャ

ルは逆向きである．そのため，準粒子干渉の符号は逆転し，系に時間反転対称性がある場合にはそれらが互いに打ち消し合う，ということである．

5.4.4　スピン軌道散乱

ディラック方程式を $1/c^2$（c は光速度）についてべき展開すると，シュレーディンガー方程式に対する最低次 $(1/c^2)$ の相対論的補正項として，スピン軌道相互作用

$$\hat{H}_{\mathrm{SO}}(\boldsymbol{r}) = \lambda_{\mathrm{SO}}\,\hat{\boldsymbol{\sigma}}\cdot(\boldsymbol{\nabla}V(\boldsymbol{r})\times\boldsymbol{p}) \tag{5.18}$$

が得られる．λ_{SO} は実効的なスピン軌道相互作用の強さを表す[3]．ここでポテンシャルは $V(\boldsymbol{r})$ は，$V(\boldsymbol{r}) = V_{\mathrm{crystal}}(\boldsymbol{r}) + V_{\mathrm{imp}}(\boldsymbol{r})$ のように周期的部分 $V_{\mathrm{crystal}}(\boldsymbol{r})$ と不純物部分 $V_{\mathrm{imp}}(\boldsymbol{r})$ に分けられる．周期的部分はラシュバ効果やトポロジカル絶縁体（8.1節）の原因となる．これらの現象が現れる強いスピン軌道相互作用が重要な物質においては，不純物散乱にもその影響がスピン軌道散乱として現れる．

スピン軌道散乱を与える散乱ポテンシャルを明示的に書くと，$\hat{V}_{\mathrm{SO}} = \lambda_{\mathrm{SO}}\hat{\boldsymbol{\sigma}}\cdot(\boldsymbol{\nabla}V_{\mathrm{imp}}(\boldsymbol{r})\times\boldsymbol{p})$ である．$V_{\mathrm{imp}}(\boldsymbol{r})$ が球対称である場合には，$\hat{V}_{\mathrm{SO}}$ のフーリエ変換は，

$$\hat{V}_{\mathrm{SO}}(\boldsymbol{k},\boldsymbol{k}') = i\lambda_{\mathrm{SO}}V_{\mathrm{imp}}(\boldsymbol{q})(\boldsymbol{k}\times\boldsymbol{k}')\cdot\hat{\boldsymbol{\sigma}} \tag{5.19}$$

となる．5.4.2項と5.4.3項では構造因子 $V_{\mathrm{imp}}(\boldsymbol{q})$ 以外に波数依存性がない散乱を考えたのに対し，スピン軌道散乱は波数に依存する散乱の例となっている．

スピン軌道散乱に起因した準粒子干渉の強度分布には，散乱角に関連する部分とスピンに関連する部分がある．このことをわかりやすく示すために，$\boldsymbol{k}$ と $\boldsymbol{k}'$ が xy 面内にある場合を考える．このとき，散乱項は

$$\left\langle\psi_n(\boldsymbol{k})\middle|\hat{V}_{\mathrm{SO}}(\boldsymbol{k},\boldsymbol{k}')\middle|\psi_m(\boldsymbol{k}')\right\rangle = i\lambda_{\mathrm{SO}}V_{\mathrm{imp}}(\boldsymbol{q})kk'\sin\theta_{\boldsymbol{k},\boldsymbol{k}'}\left\langle\psi_n(\boldsymbol{k})\middle|\hat{\sigma}_z\middle|\psi_m(\boldsymbol{k}')\right\rangle \tag{5.20}$$

[3] 真空中では $\lambda_{\mathrm{SO}} = \hbar^2/(4m^2c^2) \sim 10^{-2}\ \mathrm{pm}^2$ であるが，固体中ではバンド効果によって大きくなることが知られている．詳細は文献 [40, 41] を参照．

となる．ここで，$k = |\boldsymbol{k}|, k' = |\boldsymbol{k}'|, \theta_{\boldsymbol{k},\boldsymbol{k}'}$ は $\boldsymbol{k}$ から $\boldsymbol{k}'$ への角度（散乱角）である．すなわち，散乱項は散乱角に依存する部分 $\sin\theta_{\boldsymbol{k},\boldsymbol{k}'}$ とスピンに依存する部分 $\langle\psi_n(\boldsymbol{k})|\hat{\sigma}_z|\psi_m(\boldsymbol{k}')\rangle$ の積となる．このため，散乱振幅は散乱角が 0 または π のとき 0 となり，$\pi/2$ のとき最大となる．スピン部分は，始状態と終状態のスピンの向きが xy 面内でそろっていると 0 になり，逆向きだと（絶対値が）1 になる．この関係は，式 (5.16) において，$|\psi_m(\boldsymbol{k}')\rangle$ と $\boldsymbol{S}_m(\boldsymbol{k}')$ の両方を z について π 回転することで得られる．前者の演算子は $e^{-i\pi\hat{\sigma}_z/2} = -i\hat{\sigma}_z$ である．後者の演算子を $\hat{R}_z(\pi)$ とすると，式 (5.16) から

$$\left|\left\langle\psi_n(\boldsymbol{k})\middle|\hat{\sigma}_z\middle|\psi_m(\boldsymbol{k}')\right\rangle\right|^2 = \frac{\boldsymbol{S}_n(\boldsymbol{k})\cdot\hat{R}_z(\pi)\boldsymbol{S}_m(\boldsymbol{k}')+1}{2} \tag{5.21}$$

となる．このような散乱角依存性・スピン依存性のために，スピン軌道散乱による準粒子干渉は単純な非磁性散乱とは異なる強度分布を示す．実際にその違いが観測された例を次節で紹介する．

5.5 準粒子干渉の解析例

準粒子干渉の波数空間における強度分布の解析から電子状態についての情報が得られた例として，層状極性半導体 BiTeI においてスピン軌道相互作用の大きさ λ_{SO}（式 (5.18)）が見積もられた結果を紹介する [39].

BiTeI は，ビスマス，テルル，ヨウ素がそれぞれ三角格子を組んで順番に積層した構造をもつ（図 5.4(a)）．重元素からなる極性構造という特徴的な構造のため，BiTeI のバルクのバンド構造は大きなラシュバ分裂を示す [42]．また，自発分極によって表面に量子井戸状態が形成される [43]．その量子井戸状態のバンド構造を模式的に示したものが図 5.4(b) である．バルクバンド同様の，$\bar{\Gamma}$ 点を中心とするスピン分裂バンドが存在する．内側バンドが等方的であるのに対し，外側バンドは結晶格子の対称性を反映して六角形に歪んでいる．

BiTeI のテルル終端面で観測される微分コンダクタンス像の例を図 5.4(c) に示す．欠陥・不純物を中心とした振動構造が準粒子干渉パターンである．振動の波数を解析するためにフーリエ変換を行った例が図 5.4(d) である．準粒子干

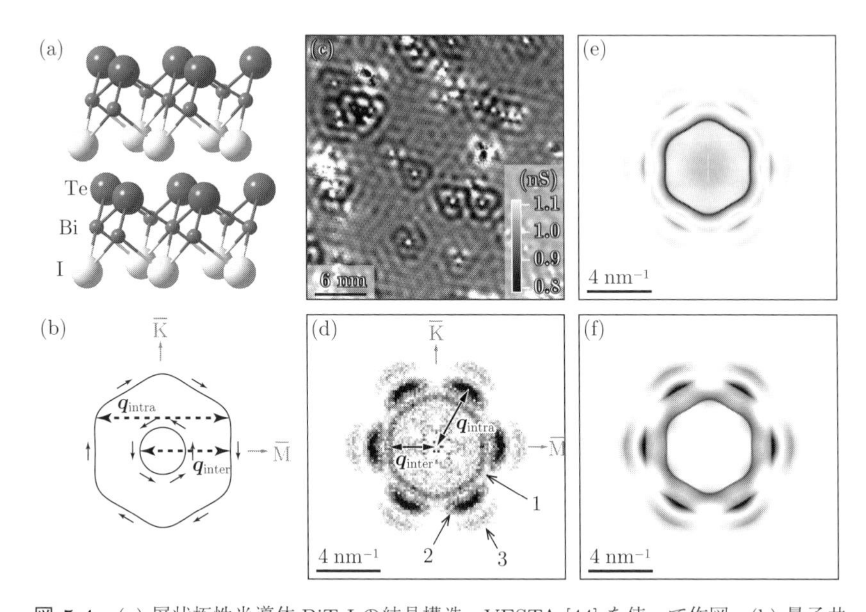

図 5.4　(a) 層状極性半導体 BiTeI の結晶構造．VESTA [44] を使って作図．(b) 量子井戸状態のバンド構造の模式図．実線が伝導帯の等エネルギー面を表し，小さな矢印はスピン期待値の面内成分を表す．破線矢印は実験で観測される準粒子干渉の波数に対応し，矢印の端点が支配的な寄与をもたらす電子の波数の組を示す．(c) +205 mV での微分コンダクタンス像．領域の大きさは 30 nm × 30 nm．走査電圧・電流はそれぞれ，−580 mV，200 pA である．(d) −10 mV での微分コンダクタンス像のフーリエ変換像．走査電圧・電流はそれぞれ，+200 mV，200 pA である．欠陥・不純物の不均一な分布に起因して出現する低波数信号を取り除いてある．(e, f) 数値計算による準粒子干渉の再現結果．(e) は単純な非磁性不純物のみを計算に用い，(f) はスピン軌道散乱も考慮に入れたもの．

渉パターンは，図中 1 番から 3 番の 3 種類の波数の信号から構成される．バンド構造（図 5.4(b)）の波数との比較から，1 番がバンド間散乱，2 番がバンド内散乱に対応することがわかる．また，走査電圧を変更して行った測定では 3 番の信号は異なった波数に出現するため，この信号はセットポイント効果（4.3 節）に起因することがわかる．

準粒子干渉の波数については上記のように容易に理解できるが，強度については疑問が残る．図 5.4(b) に示すように，1 番の信号はスピンの方向がそろった状態から生じている．一方，2 番の信号はスピン角が約 120° であるような状態から生じる．したがって，スピン角が小さい 1 番の信号が 2 番の信号よりも

強いことが式 (5.16) から予想される．しかし実際には，図 5.4(d) に示されているように 2 番の信号が強く観測される．また，式 (5.15) における $V_0(\boldsymbol{q})$ は，波数の大きな信号を抑制する傾向がある．すなわち，2 番の信号がより強いことは「構造因子」を補って余りある信号強度の逆転をもたらす機構の存在を示す．

準粒子干渉の強度についてのこの疑問は，スピン軌道散乱を考慮に入れることで解決できる．式 (5.20) に示されている通り，スピン軌道散乱は散乱角が π である 1 番の信号には寄与せず，2 番の信号だけに選択的に寄与する．したがって，λ_{SO} が大きければ，2 番の信号が 1 番の信号よりも強くなる．

スピン軌道散乱によって 2 番の信号が増強されることは数値計算によっても確認することができる．（モデルハミルトニアンや波数依存する散乱行列の扱いなど計算の詳細については文献 [39] を参照.）散乱体として単純な非磁性不純物のみを用いた場合には，図 5.4(e) に示されているように 1 番の信号が強く表れる．これはスピン角から期待される強度関係を再現している．ここでスピン軌道散乱も考慮に入れると 2 番の信号が強くなり，図 5.4(f) に示されているようにピークの波数・強度比ともに実験結果をよく再現する．

この数値計算における調節可能なパラメータは，スピン軌道散乱の相対的な強さのみである．実験結果をよく再現する図 5.4(f) の結果から，$\lambda_{\mathrm{SO}} \sim 0.8\,\mathrm{nm}^2$ が得られる．スピン軌道相互作用の効果がしばしば重要になる半導体 GaAs では $\lambda_{\mathrm{SO}} \sim 0.053\,\mathrm{nm}^2$ であり [41]，BiTeI ではスピン軌道相互作用が大きいことがわかる．

第6章 銅酸化物高温超伝導体

6.1 超伝導と SI-STM

6.1.1 超伝導の概要

超伝導転移温度 T_c 以下の低温で電気抵抗が消失する超伝導現象は，固体内電子が引き起こす数ある物性の中でも，とりわけ劇的な現象である．超伝導の発現機構は，ジョン・バーディーン (John Bardeen)，レオン・ニール・クーパー (Leon Neil Cooper)，ジョン・ロバート・シュリーファー (John Robert Schrieffer) による，いわゆる BCS 理論によって，1957 年に解明された [45]．BCS 理論によれば，それ自身はフェルミ粒子である電子が，超伝導状態では対（クーパー対）を作ることによってボーズ粒子的に振る舞う．巨視的な数のクーパー対が基底状態にボーズ凝縮した状態が超伝導状態である [1)]．

通常，電子間にはたらく相互作用はクーロン斥力なので，クーパー対を形成するためには，何らかの実効的な引力相互作用が必要である．元々の BCS 理論では，フォノンが媒介する引力を対形成機構として考えるが，BCS 理論を広義に捉えると，クーパー対が形成されさえすれば，引力の起源によらず超伝導が発現するはずである．しかし，現実には，ほとんどの超伝導体でフォノン機構による超伝導（従来型超伝導）が発現しており，フォノン以外の機構による，いわゆる非従来型超伝導は非常に珍しい [2)]．そのため，非従来型超伝導の発現機構や，非従来型超伝導ならではの現象は，興味ある研究対象になっている．

---

1) 通常の超伝導状態では，電子間の平均距離に比べてクーパー対の広がりの方がはるかに大きく，クーパー対は互いに重なり合っているために，厳密にはボーズ粒子系とは異なる．

2) 「非従来型超伝導」の定義は曖昧であるが，ここでは主に「非フォノン機構の超伝導」の意味で用いる．

クーパー対が形成されると，フェルミエネルギー近傍の状態密度スペクトルに，超伝導の性質を反映した超伝導ギャップが現れる．SI-STM による超伝導研究の第 1 の目的は，トンネル分光によって超伝導ギャップを観測し，その性質を解明することにある．ここでは，BCS 理論の結果を基に，超伝導ギャップと対形成機構の関係について概観しておく[3)]．

超伝導ギャップ $\Delta(\boldsymbol{k})$ と対形成に関わる相互作用 $V(\boldsymbol{k})$ は一般に波数 $\boldsymbol{k}$ に依存し，両者は絶対零度では次のようなギャップ方程式で関係づけられる．

$$\Delta(\boldsymbol{k}) = -\frac{1}{2}\sum_{\boldsymbol{k}'} V(\boldsymbol{k}-\boldsymbol{k}')\frac{\Delta(\boldsymbol{k}')}{\sqrt{\epsilon(\boldsymbol{k}')^2+\Delta(\boldsymbol{k}')^2}} \tag{6.1}$$

$\epsilon(\boldsymbol{k})$ は常伝導状態でのバンド分散を表す．フォノン機構の最も簡単なモデルでは，$V(\boldsymbol{k}-\boldsymbol{k}')$ を，$|\epsilon| < k_\mathrm{B}\Theta_\mathrm{D}$ でのみ有限な，波数に依存しない負の一定値であると近似する．ここで，Θ_D はデバイ温度である．この場合，$\Delta(\boldsymbol{k})$ も $\boldsymbol{k}$ 依存性をもたず，一定値 Δ_0 になる．トンネル分光で観測される状態密度スペクトル $\rho_\mathrm{s}^{(\mathrm{s})}(\epsilon)$ は，

$$\rho_\mathrm{s}^{(\mathrm{s})}(\epsilon) = \begin{cases} \dfrac{\rho_\mathrm{s}^{(\mathrm{n})}|\epsilon|}{\sqrt{\epsilon^2-\Delta_0^2}} & (|\epsilon| \geq \Delta_0) \\ 0 & (|\epsilon| < \Delta_0) \end{cases} \tag{6.2}$$

となる[4)]．$\rho_\mathrm{s}^{(\mathrm{n})}$ は常伝導状態での状態密度で，超伝導に関係するエネルギー領域では，多くの場合定数とみなせる．図 6.1(a) に示すように，超伝導状態では，対形成によって $|\epsilon| < \Delta_0$ の状態が失われ，その分が高エネルギー側に移動することによって $|\epsilon| = \Delta_0$ にコヒーレンスピーク，あるいは準粒子ピークとよばれる鋭いピーク構造が形成される．

非従来型の超伝導機構では，波数依存する $V(\boldsymbol{k}-\boldsymbol{k}')$ によって超伝導が発現する可能性も考える．たとえば，$\boldsymbol{k}-\boldsymbol{k}'=\boldsymbol{Q}$ という特定の波数近傍でのみ正の値をとるような $V(\boldsymbol{k}-\boldsymbol{k}')$ を考えよう[5)]．このとき，ギャップ方程式 (6.1) が

3) BCS 理論を含めた超伝導全般に関しては，たとえば文献 [46,47] のように数多くの教科書があるので，参照されたい．非従来型超伝導に関しては，文献 [48,49] などの解説がある．

4) 当面，空間依存性は議論しないので，変数に位置 $\boldsymbol{r}$ を含めていない．

5) 反強磁性ゆらぎによって引き起こされる超伝導の V はこれに相当する．

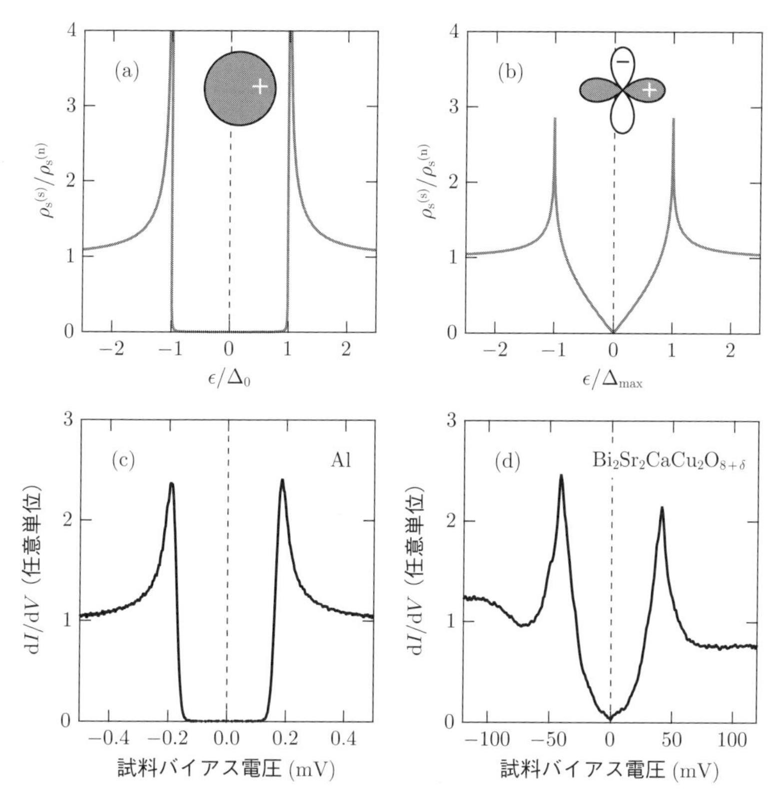

図 6.1　超伝導状態で期待される状態密度（上段）と，実際に測定した微分コンダクタンススペクトル（下段）. (a) 超伝導ギャップが波数依存性のない一定値 Δ_0 の場合（s 波超伝導）に期待される状態密度. (b) 波数空間で線状のノードをもつ d 波超伝導ギャップ（ギャップ最大値 Δ_{max}）の場合に期待される状態密度. 内挿図は，それぞれの超伝導ギャップの角度依存性の模式図. (c) ノードをもたない s 波超伝導体アルミニウムの微分コンダクタンススペクトル（測定温度：約 90 mK）. (d) 波数空間で線状のノードをもつ d 波超伝導体 $Bi_2Sr_2CaCu_2O_{8+\delta}$ の微分コンダクタンススペクトル（測定温度：約 1.5 K）.

解をもつためには，$\Delta(\boldsymbol{k})$ と $\Delta(\boldsymbol{k}-\boldsymbol{Q})$ は異なる符号をもたなければならない. すなわち，波数空間内で $\Delta(\boldsymbol{k})$ の符号が反転するので，$\Delta(\boldsymbol{k})=0$ となるような $\boldsymbol{k}$ が必ず存在する. このような $\boldsymbol{k}$ を，超伝導ギャップのノード（節）とよぶ. 波数空間におけるノードの位置や構造によって，超伝導ギャップの対称性を分類することができる. フォノン機構のように波数空間で等方的で，ノードをもたない超伝導ギャップは s 波，後述する銅酸化物高温超伝導体の超伝導体ギャップのように波数空間の直交する 2 方向にノードをもつような場合は，d 波の超伝導とよばれる．一般には，$\Delta(\boldsymbol{k})$ の角度依存性を球面調和関数で展開し，原子軌道の分類と同様に方位量子数を表す記号 $s, p, d, \cdots$ で超伝導ギャップの対称性を分類する．

クーパー対の波動関数（対波動関数）から超伝導ギャップのノードに関して議論することもできる．対を形成する 2 個の電子の相対座標を $\boldsymbol{r}$ とすると，対波動関数の軌道部分 $\psi(\boldsymbol{r})$ は次のように書ける [50].

$$\psi(\boldsymbol{r}) \propto \sum_{\boldsymbol{k}} \frac{\Delta(\boldsymbol{k})}{\sqrt{\epsilon(\boldsymbol{k})^2 + \Delta(\boldsymbol{k})^2}} \exp(i\boldsymbol{k} \cdot \boldsymbol{r}) \tag{6.3}$$

ノードをもたない従来型の s 波超伝導体では $\Delta(\boldsymbol{k}) > 0$ なので，対波動関数は原点 $\boldsymbol{r} = 0$ で必ず有限の値をもつ．これは，クーパー対を形成する 2 個の電子が同じ場所に存在可能であることを意味する[6]．このように 2 個の電子が同じ場所で対を形成する超伝導状態は，クーロン斥力が強い系ではエネルギー的に不利である．銅酸化物高温超伝導体をはじめ，近年注目されているエキゾチックな超伝導体の多くは，電子間クーロン斥力がその物性に重要な役割を果たす強相関電子系であるので，2 個の電子が互いに離れた場所に留まりながらクーパー対を作る，すなわち $\psi(\boldsymbol{r} = 0) = 0$ となることが望ましいと考えられる．このような状況を実現するためには，式 (6.3) から波数空間において $\Delta(\boldsymbol{k})$ が符号反転する必要があるので，超伝導ギャップはノードをもつことになる．

6.1.2　SI-STM で得られる情報

以上のように，超伝導ギャップは対形成に関わる相互作用と密接に関係しているために，その研究は超伝導発現機構解明にとって欠かせない．波数空間でノードがフェルミ面を横切ると，ノード近傍では低エネルギー励起状態が現れるために，$\rho_{\mathrm{s}}^{(\mathrm{s})}(\epsilon)$ には準粒子ピークの内側にもスペクトル強度が現れる．フェルミエネルギー近傍の $\rho_{\mathrm{s}}^{(\mathrm{s})}(\epsilon)$ の振る舞いは，波数空間におけるノード構造の特徴を反映し，点状ノードの場合は $\rho_{\mathrm{s}}^{(\mathrm{s})}(\epsilon) \propto \epsilon^2$，線状ノードの場合は $\rho_{\mathrm{s}}^{(\mathrm{s})}(\epsilon) \propto \epsilon$

[6] 2 個の電子が同じ位置を占める時刻は異なっている．

となる．図 6.1(b) に線状ノードをもつ d 波超伝導ギャップの場合に期待される状態密度スペクトルの模式図を示す．

このような低エネルギー励起の特徴は，比熱や磁場侵入長などの温度依存性を測定することによって調べることができる．トンネル分光を行うと，フェルミエネルギー近傍だけでなく $\rho_{\mathrm{s}}^{(\mathrm{s})}(\epsilon)$ 全体を直接観測できるので，ノードの有無を超えた情報を得ることが可能になる．図 6.1(c)(d) に，実際に STM/STS で測定した，s 波超伝導体であるアルミニウムと d 波超伝導体である銅酸化物高温超伝導体 $\mathrm{Bi_2Sr_2CaCu_2O_{8+\delta}}$ の微分コンダクタンススペクトルを示す．

SI-STM で状態密度スペクトルの空間分布を調べると，さらに様々な情報を得ることができる．たとえば，第 2 種超伝導体に磁場を印加すると，量子化された磁束が超伝導電流の渦糸として超伝導体に侵入し，渦糸の中心では超伝導ギャップが局所的に消失する．このため，SI-STM を行うと，渦糸内外の状態密度スペクトルの違いを利用して，渦糸を可視化できる．図 6.2 にこのような方法で可視化した従来型の s 波超伝導体 $\mathrm{NbSe_2}$ の渦糸格子像を示す．渦糸は三角格子を形成し，個々の渦糸は星形をしている [51]．このような渦糸形状やスペクトルの詳細は，$\mathrm{NbSe_2}$ の超伝導ギャップがもつ 6 回対称の異方性を考えることで，よく説明することができる [52]．すなわち，渦糸の電子状態から超伝導ギャップに関する情報を得ることができる．また，一般に結晶欠陥や不純物は超伝導に影響を与え，単純な s 波超伝導体とノードをもつ非従来型超伝導体ではその効果が異なることが知られている．そのため，不純物近傍の電子状態を SI-STM で調べることによって，超伝導ギャップに関する情報を得ることができる [53]．さらに，以下に詳しく述べるように，第 5 章で解説した準粒子干渉を利用すると，波数空間における超伝導ギャップの構造を調べることもできる．

SI-STM によって超伝導ギャップ以外の情報を得ることも重要である．非従来型超伝導体では，磁気ゆらぎや電荷ゆらぎなど，電子系に内在するゆらぎがクーパー対形成に関与していると考えられる．このようなゆらぎは，キャリア数や圧力などの制御パラメータの変化によって凍結し，磁気秩序相や電荷秩序相のような，超伝導とは異なる電子秩序相をもたらすと考えられる．したがって，超伝導と他の電子秩序相の共存・競合関係を研究することによって，超伝導発現機構に関する知見が得られるであろう．SI-STM は，様々な電子相の間の関

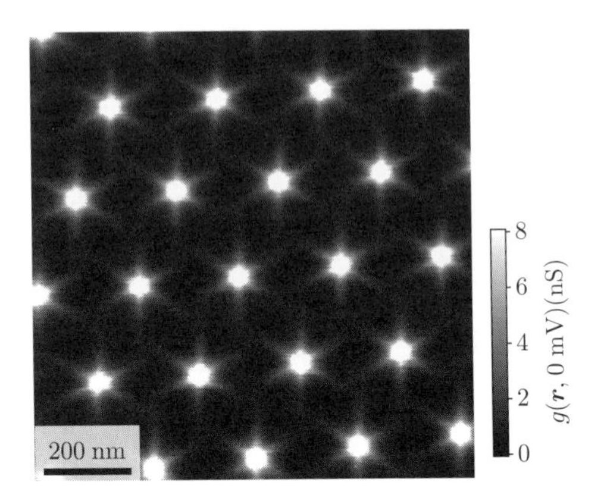

図 6.2　フェルミエネルギーにおける微分コンダクタンスをマッピングしてイメージングした $NbSe_2$ の渦糸像．磁場 0.04 T を試料表面に垂直に印加して，温度 1.5 K で取得したもの．

係を空間・波数・エネルギー分解して調べることを可能にするので，このような研究における重要な実験手法である．

6.2　銅酸化物高温超伝導体

6.2.1　構造と物性

1986 年に，ヨハネス・ゲオルグ・ベドノルツ (Johannes Georg Bednorz) とカール・アレキサンダー・ミュラー (Karl Alexander Müller) はランタン・バリウム・銅の複合酸化物が約 30 K という「高温」で超伝導を示す可能性を示した [54]．その後，田中昭二・北澤宏一等のグループによって超伝導相は $La_{2-x}Ba_xCuO_4$ であることが同定され [55]，バリウムをストロンチウムで置換した $La_{2-x}Sr_xCuO_4$ では T_c が 40 K 程度まで上昇することが明らかになると [56]，研究は爆発的に広がった．間もなく，$YBa_2Cu_3O_7$ が液体窒素の沸点を超える約 90 K で超伝導を示すことが発見され [57,58]，他にも様々な複合銅酸化物が高温超伝導現象を示すことが明らかになった．現在知られている銅酸化物高温超伝導体の最も高

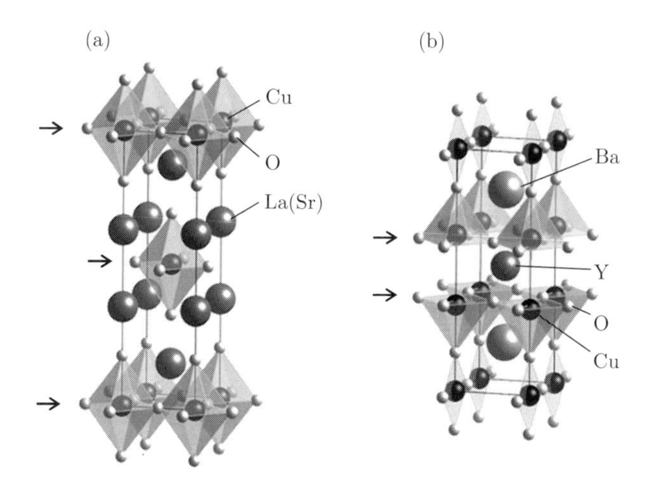

図 6.3 (a) $La_{2-x}Sr_xCuO_4$ と (b) $YBa_2Cu_3O_7$ の結晶構造．CuO_2 面を矢印で示す．作図には，VESTA [44] を用いた．

い T_c は，$HgBa_2Ca_2Cu_3O_{10+\delta}$ における約 135 K である [59] [7)]．物質開発に加えて，その超伝導発現機構解明を目指す研究も世界中で行われ，物性物理学の研究手法が理論的にも実験的にも大きく発展した．SI-STM も，高温超伝導研究によって大きく進歩した手法の 1 つである．銅酸化物高温超伝導体の物性全般は，たとえば文献 [60,61] で俯瞰されている．ここでは，SI-STM に関連する事項に関して概説しておく．

図 6.3 に $La_{2-x}Sr_xCuO_4$ と $YBa_2Cu_3O_7$ の結晶構造を示す．すべての銅酸化物高温超伝導体は，銅と酸素で構成される 2 次元的なネットワーク（CuO_2 面）と，ブロック層とよばれる金属酸化物層が交互に積層した構造をもっている．ブロック層の構造や構成元素は様々に変化させることが可能で，それによって多くの物質バリエーションが生まれる．

銅酸化物高温超伝導体の電子物性は，共通要素である CuO_2 面（図 6.4(a)）がその舞台である．ここでは，$La_{2-x}Sr_xCuO_4$ を例に CuO_2 面の電子状態を考えよう．ランタンのストロンチウム置換を行わない母相の La_2CuO_4 では，それぞ

7) 水素化合物に数 100 GPa の超高圧を印加すると，200 K 以上に達する高温で超伝導が発現することが見出されている [62]．詳しくは，本シリーズ第 26 巻「高圧下水素化物の室温超伝導」[63] を参照されたい．常圧で超伝導を示す物質の T_c は 135 K が最高記録である．

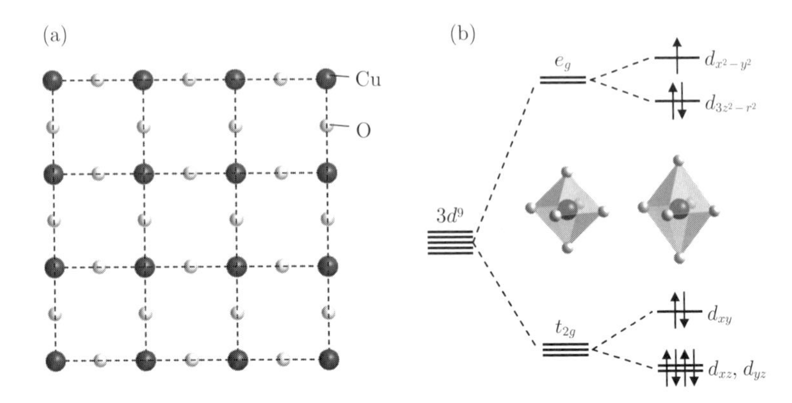

図 6.4　(a) CuO_2 面の模式図．(b) 酸素に 8 面体型 6 配位された Cu3d 軌道の結晶場分裂．最もエネルギーの高い $3d_{x^2-y^2}$ 軌道に 1 個の電子をもつ状況は，ピラミッド型 5 配位や平面 4 配位でも同じである．

れの元素の価数は，La^{3+}, Cu^{2+}, O^{2-} である．ここで，Cu^{2+} の電子配置は $3d^9$ であり，結晶場分裂した $3d$ 軌道の中で最も高いエネルギーの $3d_{x^2-y^2}$ 軌道に 1 個の電子をもつ（図 6.4(b)）．バンド理論によると，この状態は $3d_{x^2-y^2}$ 軌道由来のバンドが半分まで満たされた金属であることが期待されるが（図 6.5(a)），実際の La_2CuO_4 は絶縁体である．これは，隣り合う銅サイト間のホッピングエネルギー t に比べて，2 つの電子が同じ銅サイトに来たときのクーロンエネルギー（電子相関）U が大きいために，電子が各サイトに局在してしまうためである（図 6.5(b)）．このような電子相関による絶縁体を，モット絶縁体とよぶ．銅酸化物高温超伝導体の場合，電子相関で分裂した銅のバンド（ハバードバンド）の間に酸素の $2p$ バンドが位置するので，正確には図 6.5(c) に示す電荷移動型絶縁体に分類される．

通常のバンド絶縁体（たとえばシリコン）では，電荷の自由度もスピンの自由度も失われているのに対し，モット絶縁体では，各サイトに局在した電子がスピン 1/2 をもつために，スピンの自由度が生き残っている．局在したスピン間には，反強磁性的な超交換相互作用 $J \sim -t^2/U$ がはたらくことが知られており，

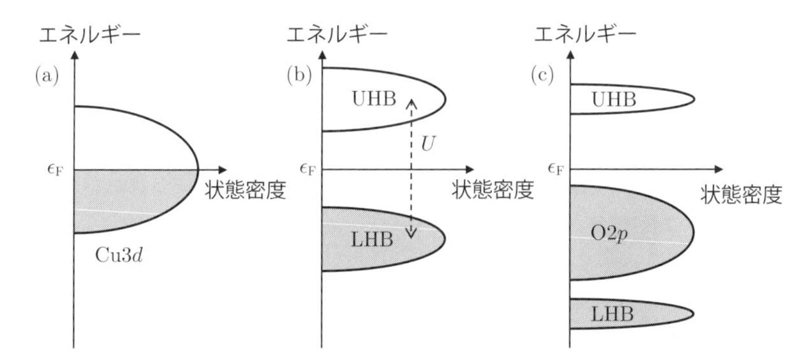

図 6.5 (a) 図 6.4(b) から期待される Cu3d 軌道の半充填バンド．(b) 同じサイトに電子が 2 つ存在する場合にはたらくクーロン相互作用 U で下部ハバードバンド (LHB) と上部ハバードバンド (UHB) に Cu3d 軌道のバンドが分裂したモット絶縁体のバンド構造．(c) LHB と UHB の間に O2p 軌道のバンドが位置する電荷移動型絶縁体のバンド構造．

そのためにモット絶縁体の多くは反強磁性秩序を示す[8)]．このような反強磁性モット絶縁体である母相のブロック層においてカチオンの一部を価数の異なる元素で置換すると，銅の価数変化を通して CuO_2 面のキャリア数が変化する．たとえば，$La_{2-x}Sr_xCuO_4$ の場合，La^{3+} を Sr^{2+} で置換するので，銅の価数は 2 より大きくなる．これは，銅の電子数を減らすことに相当するので，ホールをドープしていることになる．逆に，ブロック層のカチオンを価数の大きな元素で置換して電子をドープすることもできる．このような，キャリアドープされた反強磁性モット絶縁体が高温超伝導の発現する舞台である．超伝導は，ホールドープによっても電子ドープによっても発現する．本書では，研究の主流であるホールドープの場合に関して説明する．

図 6.6 に，銅 1 個あたりのホール濃度 (p)-温度 (T) 平面上での銅酸化物高温超伝導体の模式的な電子相図を示す．この電子相図は，様々な銅酸化物高温超伝導体に共通する普遍的なものである．キャリアドープによって反強磁性転移温度は低下し，$p \sim 0.05$ 近傍で反強磁性秩序が消失するとともに，系は金属化する．また，ほぼ同じホール濃度以上で超伝導が発現し，$p \sim 0.15$ 近傍で T_c は

8) 三角格子のように，すべてのボンドを反強磁性にできない，いわゆる幾何学的フラストレーションをもつ物質では，量子スピン液体とよばれる非磁性状態が基底状態になる可能性がある．

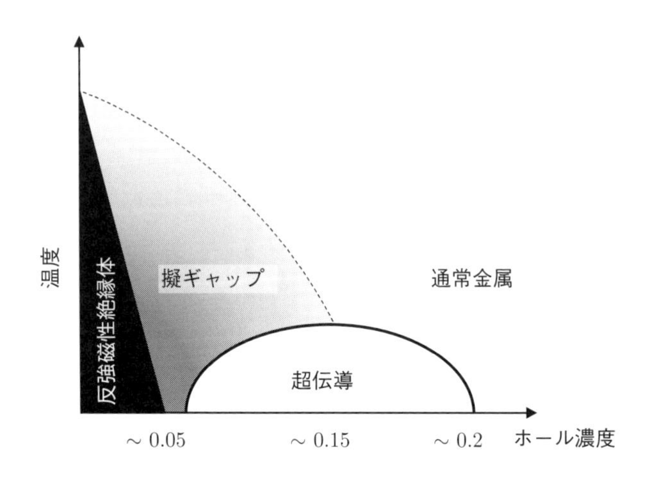

図 **6.6**　銅酸化物高温超伝導体に普遍的な電子相図.

最大値をとる. $p \gtrsim 0.2$ で超伝導は消失し, 系は最低温まで単なる金属として振る舞う. p とともに $T_{\rm c}$ が上昇する領域と低下する領域を, それぞれ, アンダードープ領域, オーバードープ領域とよぶ. アンダードープ領域では, 電子相図上で反強磁性相と超伝導相の間に, 擬ギャップ状態とよばれる電子相が存在する [61]. 擬ギャップ状態は, 常伝導状態であるにもかかわらず, 状態密度スペクトルに超伝導ギャップのような構造が観測される特異な電子状態である. 擬ギャップの起源に関しては, $T_{\rm c}$ 以上での大きな超伝導ゆらぎ, 超伝導とは異なる秩序相など, 様々な可能性が提唱されている.

6.2.2　電子状態

母相である反強磁性モット絶縁体にホールドープしたときにどのような電子状態の変化が期待されるか, 図 6.7 に示す直感的なモデルを基に考えてみよう [60]. 簡単のため, ホッピングエネルギー t は無視し, スピン間の超交換相互作用 J の効果だけを取り入れる. このような状況で, 2 個のホールをドープする（すなわち電子を取り去る）場合を考えると, 2 個のホールが離れている場合と, 隣接サイトに配置される場合の 2 種類の状況が考えられる. ホールが互いに離れている場合, 反強磁性結合が計 8 本断ち切られるので, 磁気的エネルギーは $8J$

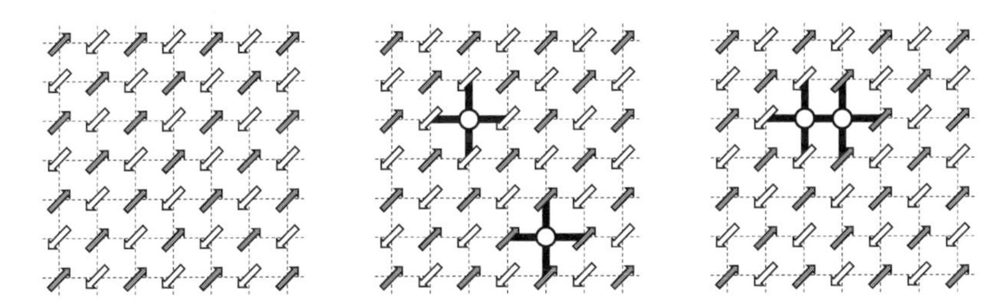

図 6.7 ホールを 2 個ドープした CuO_2 面の電子状態の模式図．各銅サイトに局在する電子スピンを矢印で示している．断ち切られる反強磁性結合を太線で示した．ホールが隣接した方が断ち切られる結合が少なく，したがって磁気的エネルギーの損が小さい．

損するが，隣接する場合には断ち切られる結合の数が 7 本で済む．したがって，エネルギーの損は $7J$ にとどまる．すなわち，後者の方がエネルギーの損は少ないので，ドープされたホール間には引力がはたらくことになる．このような引力がクーパー対形成の起源だとすると，同じサイトに 2 個のホールが来ることは電子相関により不利なので，ノードをもつ非従来型超伝導が有利となるであろう．

次に，この描像を基にホールをさらにドープすることを考えよう．単純には，ドープされたホールは磁気的エネルギーの損を減らすために凝集し，ホールが多い領域とホールがない領域に巨視的スケールで相分離してしまうように思える．しかし，ここまで無視してきたホッピングエネルギーや，隣り合うサイト間にはたらく長距離のクーロン斥力は，巨視的な相分離を抑制すると考えられる．したがって，実際には，中途半端な相分離状態，たとえば，ホールの多い領域と少ない領域が周期的に現れる電荷秩序状態など，何らかの非自明な電荷秩序が現れることが期待される．実際，$\mathrm{La}_{2-x}Ae_x\mathrm{CuO}_4$ (Ae: Ba, Sr) では，$x = p \sim 1/8$ の近傍で，図 6.8 に模式的に示すストライプ秩序とよばれる電荷とスピンの超周期構造が安定化されることが知られている [64][9]．他の銅酸化物高温超伝導体でも，必ずしも長距離秩序にはならないものの，電荷秩序と考えられる電子秩序相の形成が示唆されている．もちろん，ここで説明した簡単なモデルで，現

[9] $\mathrm{La}_{2-x}Ae_x\mathrm{CuO}_4$ では，結晶の構造相転移がストライプ秩序の安定化に寄与していると考えられている．

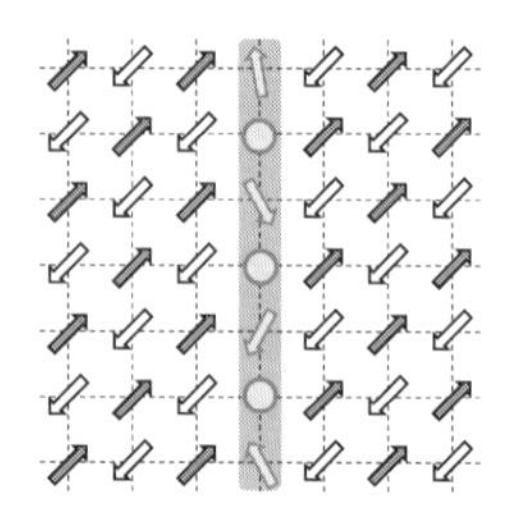

図 6.8　ストライプ秩序の模式図．網掛けした中央のストライプの上では，銅サイトの半分の数のホールが遍歴していると考えられている．ストライプを挟んで反強磁性構造のスピンの向きが反転している．

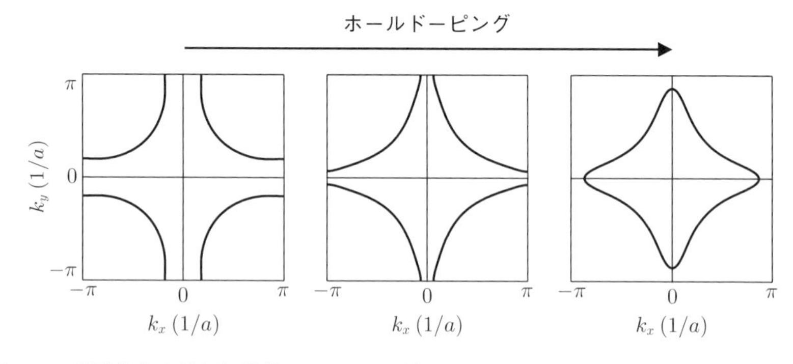

図 6.9　銅酸化物高温超伝導体のフェルミ面と，そのホールドープに伴う変化の模式図．a は CuO_2 面の銅サイト間の間隔．

実の超伝導や電子秩序を満足に説明できるわけではないが，反強磁性モット絶縁体にホールドープを行うと，非従来型超伝導をはじめとする様々な電子相が現れ得ることは直感的に理解できるであろう．

ドーピングが進んで金属化した状態では，上記のような強相関極限のモット絶縁体を基にした描像よりも，通常の金属で用いられるバンド構造を基にした描像の方が理解しやすい．CuO_2 面の最も簡単なバンド描像は，最近接銅サイト間のホッピングエネルギー t を用いた強束縛模型のバンドであるが，これに，さらに遠距離のホッピングを取り入れたモデルがよく用いられる．図 6.9 に CuO_2 面のフェルミ面の模式図を示す．ドープ量 p が少ない場合，フェルミ面は，(π, π) を中心とした1つのホール面である．ドーピングが進むとホール面は大きくなり，あるホール濃度 p_c 以上になるとフェルミ面のトポロジーが Γ 点を中心にした電子面に変化する．このようなホール面から電子面への変化は，$p_c \sim 0.19$ 近傍で実際に起こることが ARPES の測定などからわかっている [65].

6.3 銅酸化物高温超伝導体の SI-STM

銅酸化物高温超伝導研究の「聖杯」は，微視的な超伝導発現機構の同定であろう．ARPES を用いた超伝導ギャップの角度依存性の測定 [66] や，π 接合 [67] とよばれる超伝導ギャップの位相を検出することのできる手法によって，銅酸化物高温超伝導体の超伝導が物質によらず $d_{x^2-y^2}$ 波対称性をもつ非従来型であることは確立している．しかし，超伝導発現機構の詳細に関するコンセンサスは，未だに得られていない．超伝導発現機構解明を目指して，超伝導ギャップ・擬ギャップ・電子秩序，およびこれらの関係が主な研究対象になっている．本節では，これらの研究に SI-STM が果たしている役割について紹介する．なお，以下で紹介するデータは，特に断らない限り測定は十分低温で行われていて，基底状態を観察したものと考えてよい．

第 3 章で述べたように，銅酸化物高温超伝導体のような複雑な多元系化合物に対して SI-STM による電子状態の研究を行うためには，劈開によって試料表面を準備する必要がある．銅酸化物高温超伝導体は層状物質なので，そのほとんどが劈開性を有するが，SI-STM で観測される劈開面の電子状態がバルクの電子状態を反映するとは限らない．表面固有の電子状態の影響を避けるためには，最低限，劈開面が電気的に中性である必要がある．表面に電荷の偏りが生じると，キャリア濃度が変化してしまうからである．たとえば，$La_{2-x}Sr_xCuO_4$ が隣り合う LaO 面の間で劈開すれば，劈開面は中性になる．しかし，この物質は非常に劈開性が悪く，SI-STM に必要な平坦な表面を得ることがむずかしい．劈開性と劈開面の電荷中性条件の両方を満たす銅酸化物高温超伝導体は，現在のところ，$Bi_2Sr_2Ca_{n-1}Cu_nO_{4+2n+\delta}$ $(n = 1, 2, 3)$ と，$Ca_{2-x}Na_xCuO_2Cl_2$ に限られている．中でも，$Bi_2Sr_2CaCu_2O_{8+\delta}$ は，比較的大きな単結晶が得られることと，酸素の不定比性 δ や Ca サイトの置換によって，キャリア数を変化させることができるためによく研究されている．ただし，$Bi_2Sr_2CaCu_2O_{8+\delta}$ では，

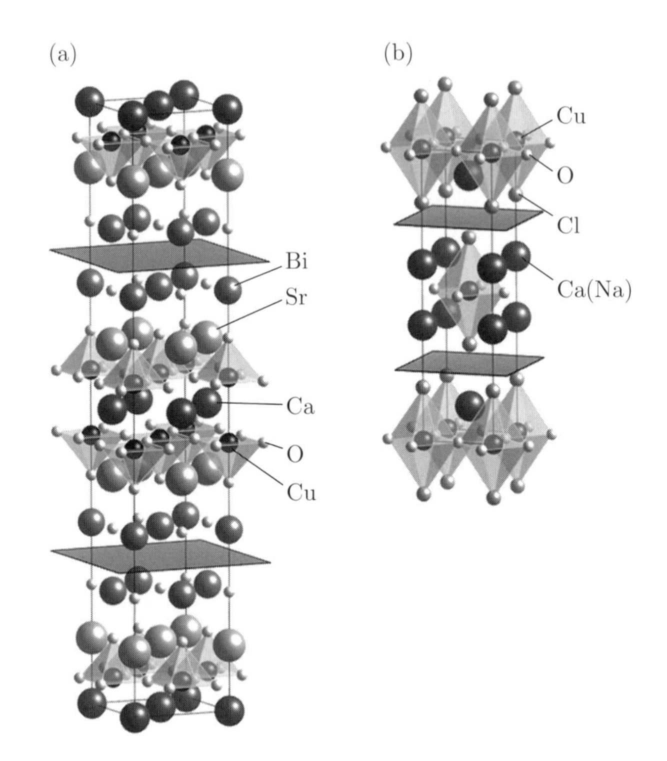

図 6.10　(a) $Bi_2Sr_2CaCu_2O_{8+\delta}$ と (b) $Ca_{2-x}Na_xCuO_2Cl_2$ の結晶構造．網掛けした面で結晶は劈開する．劈開によってできる2つの表面は等価で，電気的に中性である．作図には，VESTA [44] を用いた．

反強磁性相に近いアンダードープ領域の試料作製がむずかしいことと，格子不整合な超周期変調構造が結晶構造に現れるために，フーリエ変換したデータの解釈が複雑になる場合があるという欠点がある．一方，$Ca_{2-x}Na_xCuO_2Cl_2$ は，高圧環境でなければドーピングができないために結晶作製が困難であるが，圧力制御によって微小ホール濃度の単結晶試料が得られる他，格子不整合の問題がないという利点がある [68]．この両物質の結晶構造を図 6.10 に示す．

6.3.1　超伝導ギャップと擬ギャップ

図 6.1(d) に示したように，超伝導状態の銅酸化物高温超伝導体の微分コンダクタンススペクトルは，d 波超伝導体で期待される状態密度スペクトルと矛盾

しないように見えるが，そのホール濃度依存性，温度依存性は，簡単には理解できない．BCS 理論によれば，フォノン機構による弱い引力で超伝導が発現する場合，超伝導ギャップと T_c の比 $\Delta/(k_B T_c)$ は約 1.76 の一定値になることが期待される．この比は対形成機構の詳細や超伝導対称性によって変わるが，同じ機構で超伝導が起こる限り，ギャップの大きさと T_c は比例することが期待される．また，通常，T_c 以上で超伝導ギャップはゼロになる．ところが 1990 年代終わりに $Bi_2Sr_2CaCu_2O_{8+\delta}$ に対する系統的なトンネル分光が行われるようになると，このいずれもが当てはまらないことが明らかになった．

図 6.6 に模式的に示したように，T_c はホール濃度とともにアンダードープ領域では上昇し，オーバードープ領域では低下する．しかし，図 6.11(a) に示すように，$Bi_2Sr_2CaCu_2O_{8+\delta}$ の微分コンダクタンススペクトルに実際に観測されたギャップの大きさは，ホール濃度とともに単調に小さくなっている [69][10]．オーバードープ領域のスペクトルは鋭い準粒子ピークを示し，d 波超伝導ギャップと矛盾しないが，アンダードープ領域のスペクトルは，ギャップが大きいだけでなくブロードになっており，単なる d 波超伝導だけではその解釈がむずかしい．また，図 6.11(b) から明らかなように，このギャップ構造は，T_c 以上でも観測される [70]．これらの結果は，トンネル分光で観測されるギャップ構造は，単に超伝導ギャップを反映したものではないことを示唆している．

ギャップが T_c 以上でも観測されるという異常は，T_c が低下するとギャップが大きくなるという，BCS 理論から期待されるものとは逆の振る舞いが観測されるアンダードープ領域で顕著である．核磁気共鳴・電気抵抗・ARPES などの様々な実験から，アンダードープ領域の T_c 以上で低エネルギー準粒子励起が失われる現象が「擬ギャップ」として知られていた．アンダードープ領域のトンネル分光で観察されるギャップの異常な振る舞いは，この擬ギャップを反映しているものと考えられる．

2000 年代に入ると，SI-STM が安定して行われるようになり，微分コンダクタンススペクトルの詳細な空間依存性の評価が可能になった．その結果，$Bi_2Sr_2CaCu_2O_{8+\delta}$ のギャップ構造は，同一の試料内であっても，ギャップサイ

[10] この図のデータは，STM/STS ではなく点接触型トンネル分光で得られたものである．

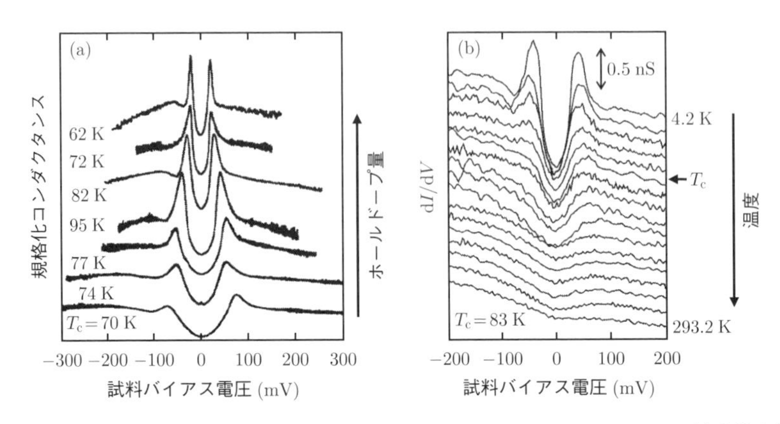

図 6.11　(a) $Bi_2Sr_2CaCu_2O_{8+\delta}$ の微分コンダクタンススペクトルのホール濃度依存性．ドーピングとともに T_c は非単調に変化するにもかかわらず，ギャップの大きさは単調に減少している．許可を得て文献 [69] より転載．Copyright (1999) by the American Physical Society. (b) $Bi_2Sr_2CaCu_2O_{8+\delta}$ の微分コンダクタンススペクトルの温度依存性．T_c 以上の温度でも，ギャップの存在を示唆するスペクトルの凹みが観測されている．許可を得て文献 [70] より転載．Copyright (1998) by the American Physical Society.

ズが大きくブロードな「擬ギャップ的」なスペクトルから，鋭い準粒子ピークをもつ「d 波超伝導的」なスペクトルまで，空間的に不均一であることが明らかになった [71]．微分コンダクタンススペクトルに現れる 2 つのピークの間隔の半分を「ギャップ振幅」と定義し，その空間依存性を調べると，その不均一性は図 6.12 に示すように粒上の分布をもつ．平均的なホール濃度が低下すると，擬ギャップ的なギャップ振幅の大きな領域が相対的に拡大する．これらの結果は一見，ホール濃度の少ない擬ギャップ領域とホール濃度の多い超伝導領域が，ホールの供給源である過剰酸素（組成式の δ で表される）の分布など，外因的な影響で生じたホール濃度の不均一によって，空間的に棲み分けていることを意味するように思える．しかし，$YBa_2Cu_3O_{7-\delta}$ のように不均一の影響が小さいことがわかっている物質でも，擬ギャップ現象と超伝導が同時に観測されることから，単なる相分離とは考えにくい [61]．擬ギャップと超伝導ギャップの関係を理解するためには，スペクトルの形状を超えた情報が必要となる．

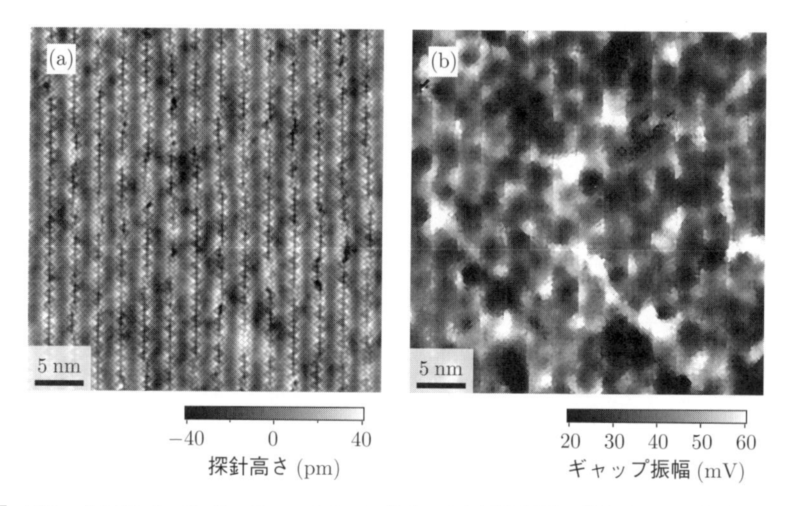

図 6.12　(a) $Bi_2Sr_2CaCu_2O_{8+\delta}$ の STM 像と，(b) 同じ視野で得たギャップ振幅のマップ．縦方向の縞状の構造は，格子不整合な超周期構造によるものである．

6.3.2　擬ギャップと電子秩序の関係

擬ギャップの起源は，超伝導と共存・競合する何らかの秩序状態である可能性がある [61]．もし，この秩序状態が，たとえば電荷密度波のように結晶格子の並進対称性を破れば，それに応じた電子状態の超周期構造が期待されるので，SI-STM によってその特徴を調べることができる．

ホール濃度をできるだけ減らして超伝導を抑制すると，擬ギャップ状態が支配的になると考えられるので，擬ギャップ状態の特徴を調べる上で好都合である．このような「超アンダードープ」領域の SI-STM による研究は，$Ca_{2-x}Na_xCuO_2Cl_2$ を試料として行われた [72]．図 6.13 に，$Ca_{1.9}Na_{0.1}CuO_2Cl_2$ の微分コンダクタンススペクトル，STM 像，および SI-STM で得た微分コンダクタンス像 $g(\boldsymbol{r}, V)$ を示す．微分コンダクタンススペクトルは非対称な V 字型をしている．非占有状態の約 100 mV に肩構造が見られ，これが擬ギャップを反映していると考えられる．この試料は $T_c \sim 15\,\mathrm{K}$ で超伝導転移するが，明確な超伝導ギャップは観測されない．STM 像には，最表面の Cl 原子の周期（Cu 原子の周期 a と同じ）を反映した正方格子が観測されている．一方，$g(\boldsymbol{r}, +24\,\mathrm{mV})$ には，a の 4 倍の周期をもつチェッカーボード状の超周期構造が現れており，擬ギャップが

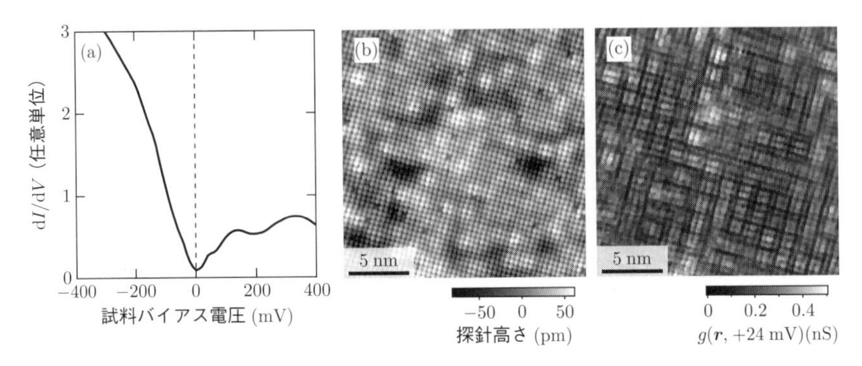

図 6.13　$Ca_{1.9}Na_{0.1}CuO_2Cl_2$ の (a) 5 nm 四方の範囲で平均した微分コンダクタンススペクトル，(b) STM 像，および (c) 同じ視野の微分コンダクタンス像 $g(\boldsymbol{r}, +24\,\mathrm{mV})$.

顕著なアンダードープ領域には，結晶の並進対称性を破る何らかの電子秩序が存在することを示唆している．

$g(\boldsymbol{r}, V)$ は，4.3 節で説明したようにセットポイント効果の影響を受けるので，ここで観察された電子秩序の詳しい空間構造や，特徴的なエネルギーの同定には注意が必要である．4.3 節で導入したように，正負の等しいバイアス電圧における電流比 $R(\boldsymbol{r}, V)$（式 (4.45)）をマップすると，セットポイント効果を取り除くことができる．図 6.13(c) に現れる超周期構造は 2 次元的に見えるが，図 6.14 に示す $R(\boldsymbol{r}, V)$ には，1 次元的な局所構造が現れている [10]．すなわち，この電子秩序状態は，格子の並進対称性が破れるだけでなく，回転対称性も $C_{4\mathrm{v}}$ から $C_{2\mathrm{v}}$ へと破れている．$R(\boldsymbol{r}, V)$ の空間構造をより詳しく見ると，CuO_2 面の銅サイトを取り囲む 4 つの酸素サイトの x 方向の酸素と y 方向の酸素の電子状態が非等価になることによって，「ナノストライプ」というべき 1 次元的な構造が生まれていることがわかる．ナノストライプは，$4a$ という特徴的な幅をもつが，その長さや，x 方向と y 方向のどちらを向くかは定まっておらず，その秩序は短距離にとどまっている．同様の構造は，Ca^{2+} を Dy^{3+} で置換して非常にアンダードープの領域に調整した $Bi_2Sr_2CaCu_2O_{8+\delta}$ でも観測されており，ブロック層の種類によらない銅酸化物高温超伝導体に共通する振る舞いであると考えられる [10].

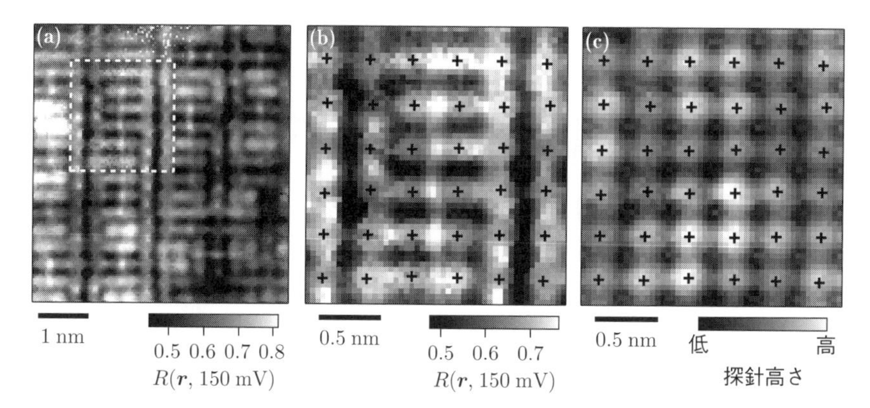

図 6.14 $Ca_{1.88}Na_{0.12}CuO_2Cl_2$ のナノストライプ構造. (a) 電流比像 $R(\boldsymbol{r}, 150\,\mathrm{mV})$ に現れるナノストライプ構造. (b) (a) の点線で囲った領域の拡大図. (c) (b) と同時に測定した定電流モード STM 像. +記号は, Cl(Cu) の位置を示す.

$R(\boldsymbol{r}, V)$ の代わりに, 式 (4.44) で定義される正負の等しいバイアス電圧における $g(\boldsymbol{r}, V)$ の比 $Z(\boldsymbol{r}, V)$ を解析すると, ナノストライプの特徴的エネルギースケールを調べることができる. その結果, 微分コンダクタンススペクトルのピーク構造のエネルギーにおいて, ナノストライプのコントラストが最も明瞭になることが明らかになった [73]. このピークエネルギーは図 6.12 に示したように空間的に不均一であるが, その変化に対応して, ナノストライプが最も明瞭になるエネルギーも空間変化する. ホール濃度が増加すると, ナノストライプは徐々に不明瞭になるが, コヒーレンスピーク様の構造が顕著な, 「d 波超伝導ギャップ的」なスペクトルが観測される領域であっても, ピークエネルギーではナノストライプが観測される. これらの結果は, 微分コンダクタンススペクトルに現れるピークは, 擬ギャップのエネルギースケールを表し, ナノストライプと関連していることを意味している.

擬ギャップとナノストライプの関係は, ホール濃度をさらに減らし, もはや超伝導を示さない試料で SI-STM を行うことでより明確になる [74]. このような極アンダードープ領域では, $C_{4\mathrm{v}}$ 対称性を回復した領域が現れ, そこでは, V 字型ではなく, より絶縁体に近い U 字型のギャップ構造が観測される. 母相のモット絶縁体は, $C_{4\mathrm{v}}$ 対称性をもつことを考えると, この $C_{4\mathrm{v}}$ 対称な領域は, 母相の絶縁体の性質を反映していると考えられる. 以上の結果を総合すると, 母相のモット絶縁体にホールをドープしたときの電子状態の変化は，次のようなプロセスで起こると考えられる．ドープ量が微量な場合，幅 $4a$ をもつナノストライプが局所的に形成され，そこが V 字型の擬ギャップをもつ．ホール濃度の増加とともに，このような擬ギャップ領域は拡大し，試料全面を覆うことになる．このように，擬ギャップ状態は，結晶格子の並進・回転対称性の自発的破れを伴う状態である．

6.3.3　ボゴリューボフ準粒子干渉 —電子秩序と超伝導の関係—

擬ギャップは，ナノストライプで特徴づけられる電子秩序と関係することがわかった．それでは，ナノストライプと超伝導はどのような関係にあるだろうか．この問題を解決するためには，超伝導ギャップの性質を詳しく調べる必要がある．しかし，前項で述べたように，微分コンダクタンススペクトルに現れるピーク構造は，通常の超伝導ギャップスペクトルに現れるコヒーレンスピークではなく，擬ギャップを反映していると考えられる．したがって，コヒーレンスピークによらずに，超伝導に関する情報を引き出さなければならない．

銅酸化物高温超伝導体のような d 波超伝導体は，超伝導ギャップに節をもつので，低エネルギーまで準粒子（ボゴリューボフ準粒子）状態が存在する．2002年にシェイマス・デイビス (J. C. Séamus Davis) 等は，$Bi_2Sr_2CaCu_2O_{8+\delta}$ において，このような低エネルギーボゴリューボフ準粒子が特徴的な干渉効果を示すことを発見し，そこから超伝導ギャップの情報を得ることができることを示した [16]．この成果は，準粒子干渉効果の観測を，量子力学的な波としての電子（準粒子）の干渉に関する概念実証実験から，非自明な物性を示す物質の電子状態解析手法へと飛躍させる契機となった．

銅酸化物高温超伝導体におけるボゴリューボフ準粒子干渉は，オクテットモデルとよばれる結合状態密度モデル（5.2 節参照）によって定性的によく説明することができる [16, 75, 76]．一般にボゴリューボフ準粒子の分散関係 $E(\boldsymbol{k})$ は次式で与えられる．

$$E(\boldsymbol{k}) = \pm\sqrt{\epsilon(\boldsymbol{k})^2 + \Delta(\boldsymbol{k})^2} \tag{6.4}$$

常伝導状態でのバンド分散 $\epsilon(\boldsymbol{k})$ は，図 6.9 に示したように (π, π) を中心とした

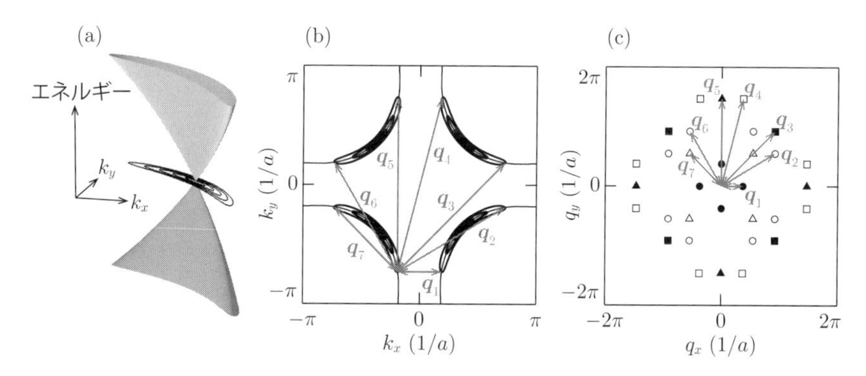

図 6.15 (a) 銅酸化物高温超伝導体の超伝導状態における，ノード近傍でのボゴリューボフ準粒子の分散関係の模式図．(b) フェルミ面とエネルギー等高線，およびオクテットモデルから期待される準粒子干渉の波数 $\boldsymbol{q}_i$ $(i = 1 \sim 7)$．(c) 実験で観測される準粒子干渉パターンのフーリエ変換像に期待される，$\boldsymbol{q}_i$ $(i = 1 \sim 7)$ の位置．

フェルミ面を形成し，超伝導ギャップ $\Delta(\boldsymbol{k})$ は，波数空間の $(0,0)-(\pm\pi,\pm\pi)$ 方向にノードをもつ $d_{x^2-y^2}$ 対称性をもつことから，$E(\boldsymbol{k})$ は，図 6.15 に示すような，バナナ状のエネルギー等高線をもつ 4 つの扁平なコーンになる．一般に準粒子分散の波数空間での傾き $|\nabla_{\boldsymbol{k}} E_{\boldsymbol{k}}|$（常伝導状態の場合は $|\nabla_{\boldsymbol{k}} \epsilon_{\boldsymbol{k}}|$）が小さくなるような $\boldsymbol{k}$ の近傍は，状態密度に大きな寄与をするので，スペクトル関数 $A(\boldsymbol{k},\epsilon)$ が大きくなるであろう．銅酸化物高温超伝導体の場合，波数空間内に 4 ヵ所現れるバナナの先端 8 ヵ所が，このような $\boldsymbol{k}$ に相当する．したがって，バナナの先端同士を結ぶような $\boldsymbol{q}_i$ $(i = 1 \sim 7)$ において式 (5.3) で与えられる結合状態密度が大きくなり，ボゴリューボフ準粒子干渉パターンのフーリエ変換像には，これらの $\boldsymbol{q}_i$ とその対称位置に信号が現れることが期待される（図 6.15）．実際，$Bi_2Sr_2CaCu_2O_{8+\delta}$ で観測されたボゴリューボフ準粒子干渉パターンのフーリエ変換像には様々なスポットが観測され，そのすべてはオクテットモデルで矛盾なく説明できる [76]．

たとえば $\boldsymbol{q}_1$ と $\boldsymbol{q}_5$ のように，2 つの $\boldsymbol{q}_i$ を組み合わせると，バナナの先端の波数が決定できる [11]．また，その波数における超伝導ギャップの大きさは，ボ

[11] 波数決定に用いることができる $\boldsymbol{q}_i$ の組は複数あるので，オクテットモデルを用いてフェルミ面とギャップ分散を推定することは，未知パラメータの数よりも制約式の数

ゴリューボフ準粒子干渉パターンのイメージングに用いたエネルギー eV に他ならない．したがって，$\boldsymbol{q}_i$ のエネルギー依存性から，フェルミ面の形状と d 波超伝導ギャップの分散 $\Delta(\boldsymbol{k})$ を同時に求めることができる．$Bi_2Sr_2CaCu_2O_{8+\delta}$ におけるこのような解析から求めた $\Delta(\boldsymbol{k})$ は，ARPES で直接観測された $\Delta(\boldsymbol{k})$ と，概ね一致する [76].

ボゴリューボフ準粒子干渉には，通常の準粒子干渉にはない，いくつかの特徴がある．まず，式 (6.4) から，ボゴリューボフ準粒子の分散関係は，フェルミエネルギーの上下で対称である．したがって，フェルミエネルギーに対して対称なエネルギーで，ボゴリューボフ準粒子干渉が作り出す空間変調の波数は等しい．また，ボゴリューボフ準粒子は，電子とホールのコヒーレントな重ね合わせであり，同じ位置 $\boldsymbol{r}$ における電子的な準粒子の振幅 $v_n(\boldsymbol{r})$ と，ホール的な準粒子の振幅 $u_n(\boldsymbol{r})$ の間には総和則

$$\sum_n [v_n(\boldsymbol{r})^2 + u_n(\boldsymbol{r})^2] = 1 \tag{6.5}$$

が成り立つ [77]．ここで n は状態を指定する量子数である．$\sum_n |u_n(\boldsymbol{r})|^2$ と $\sum_n |v_n(\boldsymbol{r})|^2$ は，それぞれ，フェルミエネルギーに対して対称なエネルギーにおける局所状態密度に比例するので，式 (6.5) の総和則は，ボゴリューボフ準粒子干渉による空間変調が，フェルミエネルギーの上下で同波数・逆位相になることを示唆する．したがって，フェルミエネルギーに対して対称なエネルギーにおける状態密度の比をとれば，ボゴリューボフ準粒子干渉に伴う空間変調が強調されることが期待される．このような状態密度の比は，4.3 節で述べた $Z(\boldsymbol{r}, V)$ に他ならない．超伝導体において $Z(\boldsymbol{r}, V)$ の解析を行うことは，セットポイント効果を除くこと，ボゴリューボフ準粒子干渉パターンを強調すること，という 2 つの利点があることになる．

この特徴を利用して，$Ca_{2-x}Na_xCuO_2Cl_2$ におけるボゴリューボフ準粒子干渉を探してみよう [78]．図 6.16(a)–(d) に示すように，$g(\boldsymbol{r}, V)$ とそのフーリエ変換像 $g(\boldsymbol{q}, V)$ には，チェッカーボード変調に対応する周期 $4a$, $4a/3$ と結晶格子の周期 a に対応する変調しか現れない．しかし，図 6.16(e) に示す $Z(\boldsymbol{r}, V)$ に

が多い，いわゆる優決定の逆問題を解く作業である．$\boldsymbol{q}_4$ からは，それ単独でバナナ先端の波数がわかる．

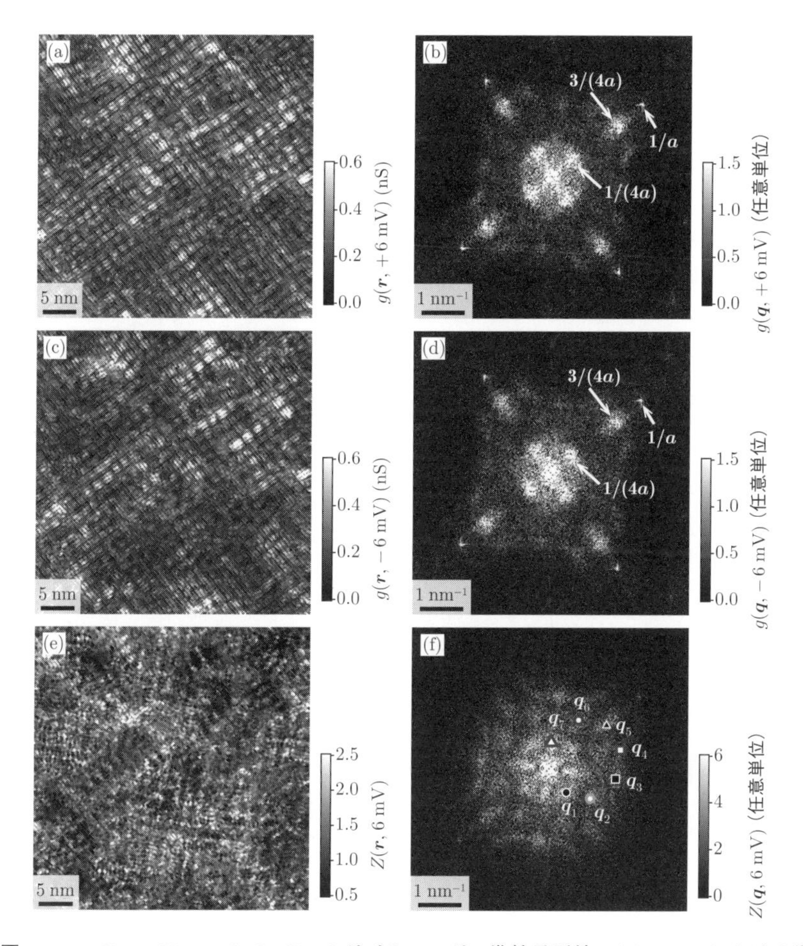

図 6.16 $Ca_{1.86}Na_{0.14}CuO_2Cl_2$ のボゴリューボフ準粒子干渉. (a) 6 mV における微分コンダクタンス像と, (b) そのフーリエ変換像. (c) −6 mV における微分コンダクタンス像と, (d) そのフーリエ変換像. バイアス電圧 150 mV・トンネル電流 100 pA で取得したもの. (e) これらの微分コンダクタンス像の比 $Z(\boldsymbol{r}, 6\,\mathrm{mV}) = g(\boldsymbol{r}, 6\,\mathrm{mV})/g(\boldsymbol{r}, -6\,\mathrm{mV})$ と, (f) そのフーリエ変換像. オクテットモデルから期待されるボゴリューボフ準粒子干渉の信号が観測されている.

は, チェッカーボード変調とは異なる変調構造が現れている. 図 6.16(f) に示すフーリエ変換像 $Z(\boldsymbol{q}, V)$ に現れるスポットは, すべてオクテットモデルで矛盾なく説明できることから, $Z(\boldsymbol{r}, V)$ に現れる変調構造は, ボゴリューボフ準粒子干渉であると結論できる.

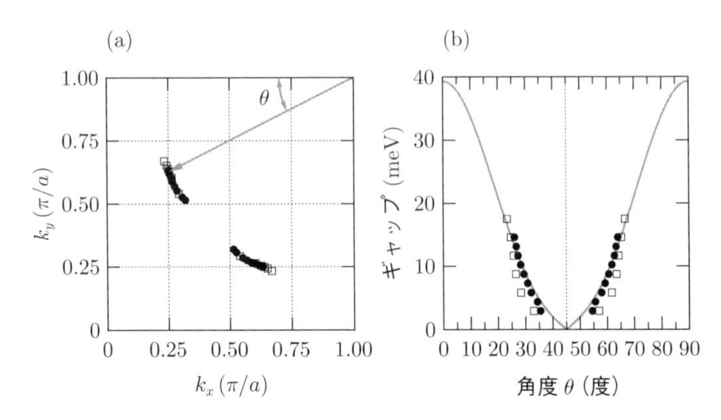

図 6.17　ボゴリューボフ準粒子干渉の散乱ベクトル $\boldsymbol{q}_4$ のエネルギー依存性から求めた $Ca_{1.86}Na_{0.14}CuO_2Cl_2$ の (a) フェルミ面と，(b) ギャップの角度依存性．異なるシンボルは，異なる試料での結果を示す．(b) に示した灰色の実線は，$Bi_2Sr_2CaCu_2O_{8+\delta}$ のギャップの角度依存性 [76].

オクテットモデルによる解析から求めたフェルミ面と超伝導ギャップの分散を図 6.17 に示す．この試料の T_c は約 28 K であるが，興味深いことに，ノード近傍のギャップ分散は，約 3 倍高い T_c をもつ $Bi_2Sr_2CaCu_2O_{8+\delta}$ のそれと大きくは変わらない．すなわち，ノード近傍のギャップ分散以外の何かが T_c を決定する上で重要な役割を果たしていると考えられる．

アンダードープ領域では，T_c 以上の常伝導状態において図 6.9 に示したフェルミ面のノード近傍のみが観測され，$(\pi, 0)$ 近傍の領域（アンチノード領域）では擬ギャップが開いていることが ARPES の測定からわかっている [66]．このように，擬ギャップの存在下でノード近傍に残るフェルミ面の断片は，フェルミアークとよばれている．フェルミアーク端における超伝導ギャップの大きさが，T_c の決定要因となっているという提案がなされているが [79]，ボゴリューボフ準粒子干渉がノード近傍でのみ観測されるという SI-STM の結果は，実際に超伝導が起こるのはフェルミアーク上であることを示唆する．

系統的にホール濃度を制御した $Bi_2Sr_2CaCu_2O_{8+\delta}$ における SI-STM 実験の結果によると，ボゴリューボフ準粒子干渉が観測されるのは，ブリルアンゾーンの $(\pi, 0)$ と $(0, \pi)$ をつなぐ対角線近傍を境とした内側（すなわちノードに近い方）のフェルミ面上である [73]．一方，対角線の外側，すなわちアンチノード側でよりエネルギーが高い状態では，6.3.2 項で述べたように，実空間で擬ギャップに関係するナノストライプが観測される．すなわち，銅酸化物高温超伝導体における超伝導と電子秩序は，実空間では共存し，波数空間では別々の場所に棲み分けていると考えられる．

6.3.4 ボゴリューボフ準粒子干渉のコヒーレンス効果

d 波超伝導ギャップにはノードが存在し，波数空間でノードを横切ると超伝導ギャップの位相が反転する．このような位相反転の検出は，超伝導ギャップの特徴を解明する上で重要であり，π 接合とよばれる超伝導接合デバイスを用いる手法がよく知られている [67]．オクテットモデルを用いたボゴリューボフ準粒子干渉の解析からは，超伝導ギャップの振幅の波数分散に関する情報は得られるが，ギャップに位相反転があるかどうかはわからない．本項では，結合状態密度モデルであるオクテットモデルでは考慮されていなかった準粒子散乱過程に着目することによって，位相に関する情報が得られることを示す [24]．

5.3 節で扱ったような準粒子干渉の定式化をボゴリューボフ準粒子干渉に拡張するためには，南部形式とよばれるグリーン関数を用いた BCS 理論の定式化が必要になり [80]，本書の範囲を超えるので，ここでは準粒子散乱過程の効果を次のように現象論的に考える．超伝導状態では，電子がクーパー対を形成しているために，個々の準粒子の独立な散乱は許されず，時間反転の関係にある 2 つの散乱過程 $\boldsymbol{k} \to \boldsymbol{k}'$ と $-\boldsymbol{k}' \to -\boldsymbol{k}$ の間に相関が生まれる．この効果は，コヒーレンス効果として知られており，超伝導状態における核磁気緩和率や，超音波吸収係数に影響を与える [45–47]．コヒーレンス効果を考慮すると，準粒子散乱の遷移確率は，コヒーレンス因子に比例するようになる．コヒーレンス因子は，散乱体の種類によって異なる．表 6.1 にいくつかの散乱体の場合に期待されるコヒーレンス因子をまとめた．ここで，$u_{\boldsymbol{k}}$ と $v_{\boldsymbol{k}}$ は，それぞれ波数 $\boldsymbol{k}$ に

表 6.1 様々な散乱体で期待されるコヒーレンス因子

散乱体	コヒーレンス因子	散乱可能な $\boldsymbol{q}_i$
スカラー	$(u_{\boldsymbol{k}}u_{\boldsymbol{k}'} - v_{\boldsymbol{k}}v_{\boldsymbol{k}'})^2$	$\boldsymbol{q}_2, \boldsymbol{q}_3, \boldsymbol{q}_6, \boldsymbol{q}_7$
磁気的	$(u_{\boldsymbol{k}}u_{\boldsymbol{k}'} + v_{\boldsymbol{k}}v_{\boldsymbol{k}'})^2$	$\boldsymbol{q}_1, \boldsymbol{q}_4, \boldsymbol{q}_5$
ギャップ不均一	$(u_{\boldsymbol{k}}v_{\boldsymbol{k}'} + v_{\boldsymbol{k}}u_{\boldsymbol{k}'})(u_{\boldsymbol{k}}u_{\boldsymbol{k}'} + v_{\boldsymbol{k}}v_{\boldsymbol{k}'})$	$\boldsymbol{q}_1, \boldsymbol{q}_4, \boldsymbol{q}_5$

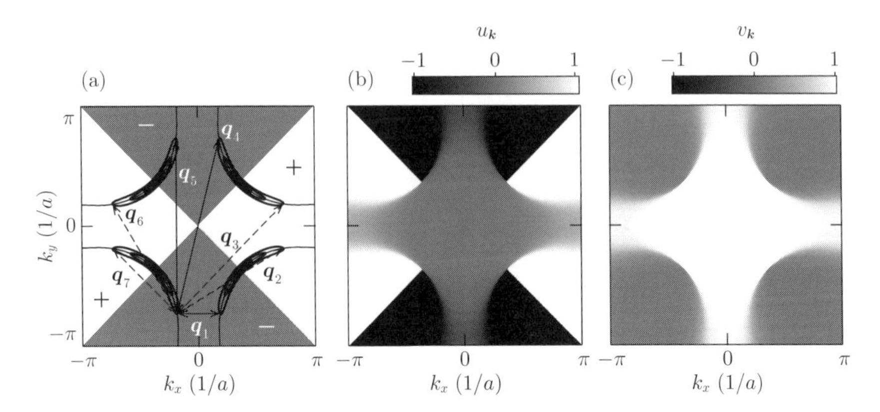

図 6.18　(a) 波数空間における超伝導ギャップの符号と，オクテットモデルから期待されるボゴリューボフ準粒子干渉の波数の関係．実線矢印で示した $\boldsymbol{q}_1, \boldsymbol{q}_4, \boldsymbol{q}_5$ は符号保存散乱，点線矢印で示した $\boldsymbol{q}_2, \boldsymbol{q}_3, \boldsymbol{q}_6, \boldsymbol{q}_7$ は符号反転散乱である．(b) ホール的ボゴリューボフ準粒子波動関数振幅 $u_{\boldsymbol{k}}$．(c) 電子的ボゴリューボフ準粒子波動関数振幅 $v_{\boldsymbol{k}}$．

おけるホール的，電子的準粒子波動関数の振幅で，次のように書ける．

$$u_{\boldsymbol{k}} = \mathrm{sgn}(\Delta(\boldsymbol{k}))\sqrt{\frac{1}{2}\left(1 + \frac{\epsilon(\boldsymbol{k})}{E(\boldsymbol{k})}\right)} \tag{6.6}$$

$$v_{\boldsymbol{k}} = \sqrt{1 - u_{\boldsymbol{k}}^2} \tag{6.7}$$

$u_{\boldsymbol{k}}$ と $v_{\boldsymbol{k}}$ の符号の選び方には任意性があるが，両者の間には

$$u_{\boldsymbol{k}} v_{\boldsymbol{k}} = \frac{\Delta(\boldsymbol{k})}{2E(\boldsymbol{k})} \tag{6.8}$$

という関係式が成り立つ．図 6.9 のような銅酸化物高温超伝導体に典型的なフェルミ面を考え，$v_{\boldsymbol{k}} > 0$ に選ぶと，図 6.18 に示すように，$u_{\boldsymbol{k}}$ の符号は，ギャップの波数空間における符号に従って変化する．

d 波超伝導ギャップに現れる符号反転は，コヒーレンス因子を通してボゴリューボフ準粒子干渉の変調振幅に非自明な選択則をもたらす．スカラー散乱体のみが試料に存在する場合を考えよう．表 6.1 と図 6.18 から，$\boldsymbol{q} = \boldsymbol{k} - \boldsymbol{k}'$ が，超伝導ギャップの符号が同じ領域をつないでいる場合，コヒーレンス因子はゼロとなる．したがって，観測されるボゴリューボフ準粒子干渉の信号は，符号反転散

乱 $\boldsymbol{q}_2, \boldsymbol{q}_3, \boldsymbol{q}_6, \boldsymbol{q}_7$ のみであると期待される．一方，時間反転対称性を破る磁気的散乱や，超伝導ギャップの不均一に伴うアンドレーエフ散乱の場合は，符号反転散乱に対するコヒーレンス因子がゼロになるので，符号保存散乱 $\boldsymbol{q}_1, \boldsymbol{q}_4, \boldsymbol{q}_5$ が支配的になるであろう．すなわち，散乱体の性質がわかっていれば，オクテットモデルから期待される $\boldsymbol{q}_i$ のうちの一部のみが観測され，そこから超伝導ギャップの位相情報が得られるはずである．しかし，現実には，図 6.16 に示したように，オクテットモデルから期待される $\boldsymbol{q}_i$ のすべてが，ほぼ同じ強度で観測されている．この結果は，現実の試料には異なる性質の散乱体が同時に存在するために，コヒーレンス因子の効果が現れていないことを意味していると考えられる．

何らかの方法で散乱体を制御することができれば，隠れたコヒーレンス効果を明らかにすることができるであろう．ボゴリューボフ準粒子干渉の磁場依存性を調べることによって，このような目的を達成することができる [24]．銅酸化物高温超伝導体のような第 2 種超伝導体に磁場を印加すると，渦糸が量子化されて試料中に侵入する．渦糸の周りの超伝導電流は時間反転対称性を破る他，渦糸芯で超伝導ギャップが抑制されるために，超伝導ギャップの不均一を導入する．表 6.1 に示したように，これらはいずれも符号保存散乱に寄与する [12)]．すなわち，磁場の印加は符号保存散乱を選択的に増大させ，それによって，超伝導ギャップの位相構造に関する情報が得られると考えられる．このような，ボゴリューボフ準粒子干渉の磁場依存性の実験結果を図 6.19 に示す．$Z(\boldsymbol{q}, V)$ に現れる磁場中と無磁場での干渉パターンを比較すると，期待されたように符号保存散乱の強度が増大しており，確かに磁場の印加によって，コヒーレンス因子の効果を引き出すことができていると考えられる．

一方，符号反転散乱の強度は，磁場の印加によって減少している．この現象は，コヒーレンス因子だけからは説明できない．渦糸の導入によって準粒子の位相が乱される効果などが考えられている [81]．符号保存散乱と符号反転散乱が定性的に異なった磁場応答を示すことは，ボゴリューボフ準粒子干渉の磁場

12) 5.4.3 項で触れたように，スピン反転による準粒子干渉は観測されにくいので，銅酸化物高温超伝導体の場合，ボゴリューボフ準粒子干渉に寄与しているのは主にスカラー散乱とアンドレーエフ散乱であると考えられる．

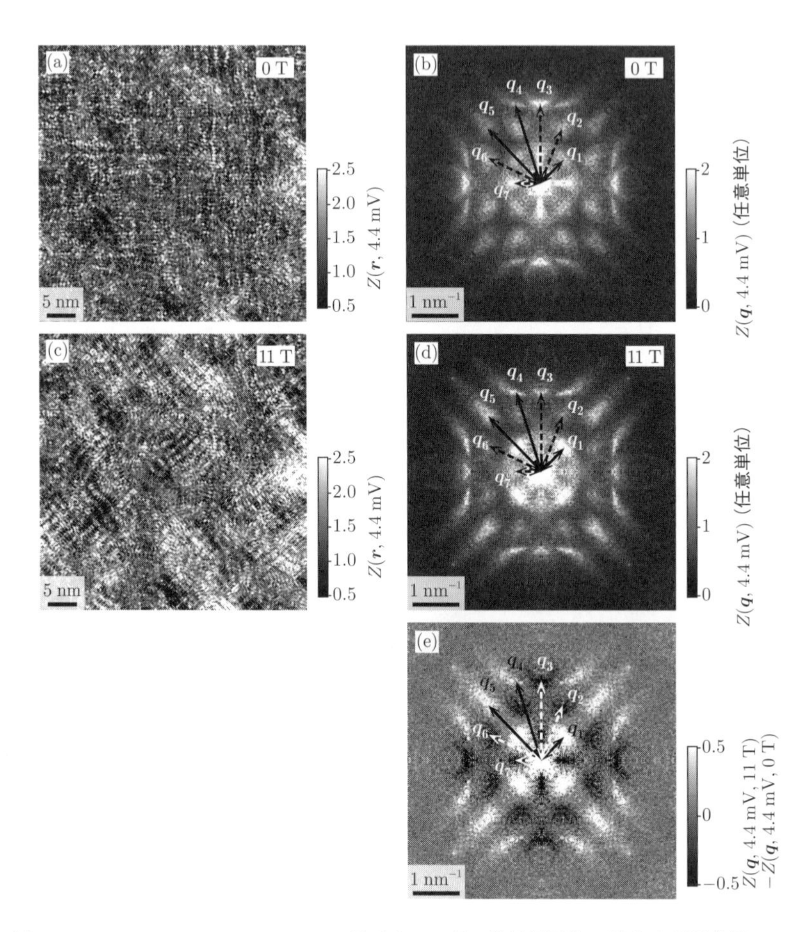

図 6.19　$Ca_{1.86}Na_{0.14}CuO_2Cl_2$ のボゴリューボフ準粒子干渉に対する磁場効果．(a) 磁場 0 T における $Z(\boldsymbol{r}, 4.4\,\mathrm{mV})$ と，(b) そのフーリエ変換像．実線矢印で示した $\boldsymbol{q}_1, \boldsymbol{q}_4, \boldsymbol{q}_5$ は符号保存散乱，点線矢印で示した $\boldsymbol{q}_2, \boldsymbol{q}_3, \boldsymbol{q}_6, \boldsymbol{q}_7$ は符号反転散乱である．(c) 磁場 11 T における $Z(\boldsymbol{r}, 4.4\,\mathrm{mV})$ と，(d) そのフーリエ変換像．(e) (d) と (b) の差．

依存性の測定が，超伝導ギャップの波数空間における位相構造を調べるための手法として他の超伝導体にも応用できることを示唆している．

第7章 鉄系超伝導体

7.1 鉄系超伝導体の概要

7.1.1 構造と物性

銅酸化物高温超伝導体発見から約20年が経過した2006年，神原陽一・細野秀雄等は，$LaO_{1-x}F_xFeP$ が $T_c \sim 6$ K で超伝導を示すことを発見した [82]．当初，この物質はさほど注目されていなかったが，2008年に同じグループがリンをヒ素で置換した $LaO_{1-x}F_xFeAs$ において T_c が約26 K まで上昇することを報告し [83]，さらに，圧力印加 [84] やランタンの希土類置換 [85] によって T_c が50 K 以上にまで到達することが明らかになると，新しい高温超伝導物質として認知され，多くの研究が一気に行われるようになった [86]．この発見は，その高い T_c に加え，通常は磁性をもつために超伝導発現にとって不利と思われていた鉄を主要構成元素とする物質が超伝導を示すという点で驚きであった．その後，鉄を含む同種の様々な超伝導体が発見され，鉄系超伝導体と総称されている．

図7.1に，代表的な鉄系超伝導体の結晶構造を示す．鉄系超伝導体は，銅酸化物高温超伝導体と同様に層状物質であり，その基本構成要素は，鉄とその周りに四面体配位したアニオンから構成される鉄アニオン層である．超伝導に関係する低エネルギー電子状態は，この鉄アニオン層が担っている．鉄アニオン層と交互に積層する絶縁層を変えることで物質のバリエーションが生まれる点においても，鉄系超伝導体は銅酸化物高温超伝導体と類似している．一方，銅酸化物高温超伝導体の場合，銅に配位するアニオンは酸素のみであるのに対し，鉄系超伝導体には，ヒ素とリンの他，硫黄，セレン，テルルなどのカルコゲン

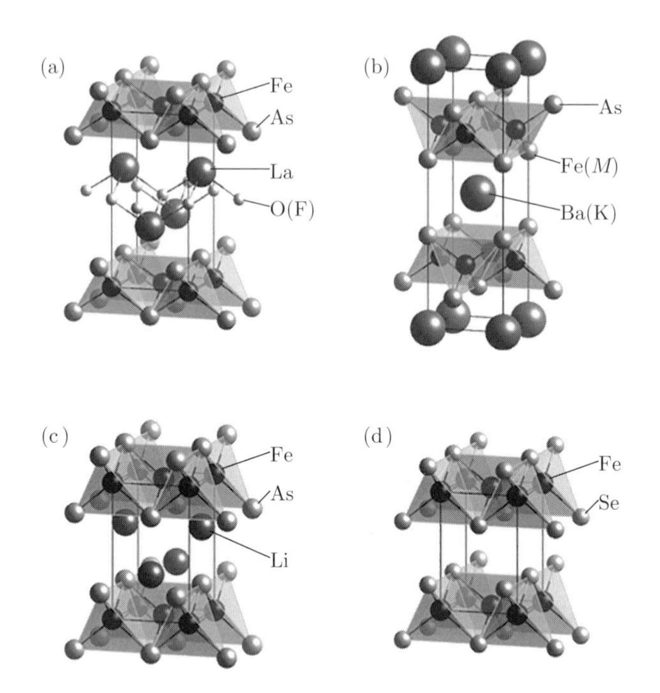

図 7.1　代表的な鉄系超伝導体の結晶構造．(a) $LaO_{1-x}F_xFeAs$, (b) $Ba_{1-x}K_xFe_{2-y}M_yAs_2$（$M$ は Co, Ni 等），(c) LiFeAs，(d) FeSe．作図には，VESTA [44] を用いた．

が鉄に配位した物質も存在し，化学的なバラエティがより豊富である．

電子物性に関しては，鉄系超伝導体も銅酸化物高温超伝導体と同様に，超伝導相が電子相図上で反強磁性相と隣接していることが多い．しかし，銅酸化物高温超伝導体における反強磁性相はモット絶縁体で，ドープされたキャリア数に応じて物質によらないユニバーサルな物性変化が生じるのに対し，鉄系超伝導体の反強磁性相は金属で，キャリアドーピングに対する応答は様々である．たとえば，LaOFeAs は反強磁性金属で，酸素のフッ素置換による電子ドープによって初めて超伝導が発現するが，LaOFeP はドーピングを行わなくても超伝導体である．また，鉄系超伝導体は圧力による物性変化が顕著である他，超伝導相と隣接する反強磁性組成領域で，反強磁性転移温度より高温の常磁性相で正方晶から直方晶への構造相転移を示すなど，結晶格子と電子状態の結合が顕

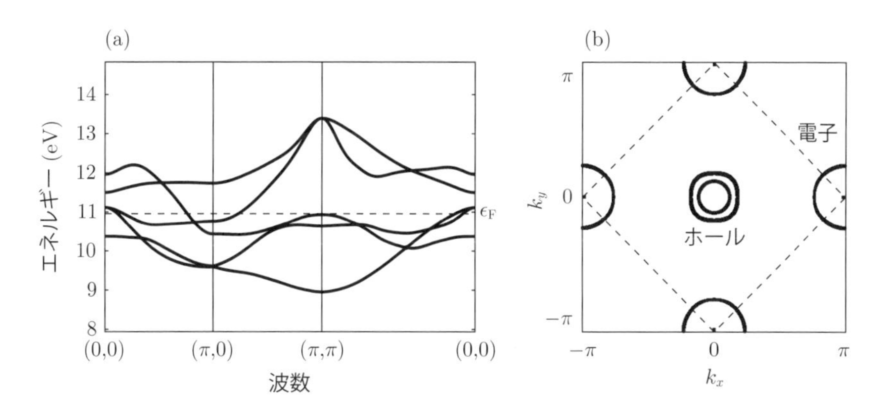

図 7.2 バンド計算で得られた鉄系超伝導体の (a) バンド分散と，(b) フェルミ面の一例．アニオンの配置を考えると，鉄アニオン層の 1 周期には 2 個の鉄原子が含まれるが，ここでは鉄の周期に対応するブリルアンゾーン（unfolded ブリルアンゾーンとよばれる）に対する結果を示している．実際のブリルアンゾーン（folded ブリルアンゾーン）は，(b) に点線で示した．許可を得て文献 [87] より転載．Copyright (2008) by the American Physical Society.

著であることも特徴である．

7.1.2 電子状態

図 7.2 に，鉄系超伝導体の常磁性相でのバンド計算結果の一例を示す [87]．鉄系超伝導体は，鉄の 5 つの $3d$ 軌道すべてがフェルミエネルギー近傍の電子状態に寄与する多バンド物質である．ドーピングを行わない場合，鉄は Fe^{2+} であり，$3d$ 軌道に 6 個の電子をもつ．単位胞に偶数個の電子が存在するので，この状態は，ホールと電子を同数もつ補償された半金属である．フェルミ面は，層状物質であることを反映して 2 次元的な円筒で，ブリルアンゾーンの中心にホール面が，ゾーン境界に電子面が存在する（図 7.2(b)）．それぞれのフェルミ面は小さく，ブリルアンゾーンの数 % の体積しかもたないにもかかわらず，多軌道性を反映して複数の軌道成分から構成されている．物質によってフェルミ面を横切るバンドには若干の違いがあるものの，ブリルアンゾーン内の離れた場所に小さな複数のフェルミ面をもつという性質は，すべての鉄系超伝導体に共通している．

このような複雑な電子状態は，銅の $3d_{x^2-y^2}$ 軌道のみが1つのフェルミ面を形成する単軌道・単バンド物質である銅酸化物高温超伝導体とは対照的である．このため，鉄系超伝導体では，銅酸化物高温超伝導体には現れない軌道自由度や複数フェルミ面の効果がその物性に重要な役割を果たす．特に，軌道自由度は格子歪みと直接結合するので，鉄系超伝導体で顕著な結晶格子と電子状態との結合に重要な役割を果たしていると考えられる．

7.1.3　超伝導発現機構

鉄系超伝導体の高い T_c は，通常のBCS理論が仮定するフォノン機構では説明できないと考えられており [88]，何らかの非従来型の超伝導機構が重要である可能性が高い．

鉄系超伝導体の発見後まもなく提唱された機構が，スピンゆらぎを媒介としたクーパー対の形成である [87,89]．鉄系超伝導体のホール面と電子面は，基本的な電子状態が補償された半金属であることを反映して，ほぼ同じ大きさをもつ．このような場合，両者を結ぶ波数 $\boldsymbol{q} = \boldsymbol{Q}_n$ で特徴付けられる周期 $2\pi/|\boldsymbol{Q}_n|$ の超構造が現れやすい[1)]．鉄系超伝導体に現れる反強磁性相は，このようなフェルミ面のネスティングによって生じたスピン密度波状態と解釈できる．

何らかの理由でネスティングの条件が悪くなると，長距離磁気秩序は消失するが，その名残であるスピンゆらぎが残った状態が生じる．このようなスピンゆらぎがクーパー対の形成に関与している可能性がある．これは，式 (6.1) を用いて解説した非従来型超伝導機構において，$V(\boldsymbol{q} = \boldsymbol{Q}_n) > 0$ が重要になることを意味しており，期待される超伝導状態では，ネスティングするホール面と電子面で超伝導ギャップの符号が反転する．一方，それぞれのフェルミ面上での超伝導ギャップの符号は一定で，対称性としては s 波に分類される．このように，角度ではなく波数の大きさに対して超伝導ギャップの符号が反転する「非従来型 s 波」というべき超伝導状態は，$s_\pm$ 波超伝導とよばれている．$s_\pm$ 波超伝導状態は，ギャップが符号反転するためにホール面と電子面の間にノードを

---

1) 波数空間でフェルミ面を波数 $\boldsymbol{Q}_n$ ずらして重ねること（ネスティング）により，重なった部分にギャップが開き，電子系のエネルギーの利得が生じるため．また，この波数 $\boldsymbol{Q}_n$ をネスティングベクトルという．

もつが，そのノードはフェルミ面上にはないので，ノード由来の低エネルギー励起状態は現れない．したがって，状態密度スペクトルは，通常の s 波超伝導のものと同じフルギャップである．

一方，スピンではなく，軌道ゆらぎに着目した超伝導発現機構も提唱されている [90,91]．鉄系超伝導体で観測される構造相転移に伴う直方晶歪みは非常に小さく，1% 以下であるのに対し，電気抵抗やバンド構造には大きな異方性が現れる．したがって，この構造相転移は，結晶格子の構造不安定性によるものではなく，電子系に内在する不安定性に起因すると考えられている．ARPES の実験結果によると，鉄系超伝導体の直方晶相では，d_{xz} 軌道と d_{yz} 軌道の縮退が解けて非等価になる軌道秩序が発現している [92]．このように，電子系の回転対称性が結晶格子のもつ $C_{4\mathrm{v}}$ から $C_{2\mathrm{v}}$ に低下した状況は，分子系の液晶におけるネマティック液晶と類似していることから，しばしば電子ネマティック状態とよばれる．フェルミ面のネスティングによって生じる反強磁性相は，有限の波数 $\boldsymbol{q} = \boldsymbol{Q}_{\mathrm{n}}$ で特徴づけられ，結晶のもつ並進対称性を破るのに対し，電子ネマティック状態で破れる対称性は回転対称性だけで，空間的には一様 $(\boldsymbol{q} = 0)$ である．一般に，有限波数の磁気秩序を反強磁性秩序，波数 $\boldsymbol{q} = 0$ の磁気秩序を強磁性秩序とよぶのと同様に，$\boldsymbol{q} = 0$ の軌道秩序状態は強的な軌道秩序とよばれる．

このような強的軌道秩序の近傍で生じる軌道のゆらぎがクーパー対形成に寄与する機構が考えられる．軌道ゆらぎ機構の場合，$\boldsymbol{q} = 0$ 近傍のゆらぎが媒介する相互作用 $V(\boldsymbol{q} \sim 0) < 0$ が重要であるので，通常の s 波超伝導同様，超伝導ギャップの符号反転は起こらず，状態密度スペクトルはフルギャップであることが期待される．軌道ゆらぎは電子格子相互作用と協奏する場合もあるが，電子間相互作用だけからも生じるので，従来型のフォノン機構による s 波超伝導とは本質的に異なる [93]．フォノン機構による s 波超伝導やスピンゆらぎ機構による $s_{\pm}$ 波超伝導と区別するために，軌道ゆらぎ機構で発現する超伝導状態を s_{++} 波超伝導とよぶこともある．

7.1.4 鉄系超伝導体の課題

鉄系超伝導体の理解は急速に進んだが，2 つの課題が残されている．1 つは，超伝導発現機構である．前項で述べたように，鉄系超伝導体では，$s_{\pm}$ 波超伝導をもたらすスピンゆらぎ機構と，s_{++} 波超伝導をもたらす軌道ゆらぎ機構の2つが，有力な超伝導発現機構として提唱されている．この両者を区別するためには，複数の非連結フェルミ面上に開く超伝導ギャップの構造を，その符号を含めて実験的に決定する必要がある．銅酸化物高温超伝導体の超伝導ギャップが d 波対称性をもつことは，π 接合のような干渉効果実験によって，直交する2方向でのギャップの符号反転が直接示されたことで検証された [67]．しかし，鉄系超伝導体の場合，$s_{\pm}$ 波超伝導と s_{++} 波超伝導は，同じ超伝導ギャップスペクトル・同じギャップ符号の角度依存性をもつことから，両者を区別することが非常にむずかしい．

もう1つの課題は，電子ネマティック状態と超伝導の関係である．電子ネマティック状態の起源として，軌道秩序以外に，スピン自由度に関する回転対称性の破れに起因するスピンネマティック状態とよばれる状態が提案されている．軌道秩序状態・スピンネマティック状態は，それぞれ超伝導の軌道ゆらぎ機構・スピンゆらぎ機構と関連しているため [94]，電子ネマティック状態と超伝導の関連を研究することは重要である．鉄系超伝導体の電子ネマティック状態は，電子状態が結晶格子のもつ回転対称性を自発的に破るという点で，銅酸化物高温超伝導体の擬ギャップ状態で観測された $C_{4\mathrm{v}}$ から $C_{2\mathrm{v}}$ への対称性の低下とも共通点があり [2)]，電子間相互作用が重要な系に普遍的な現象ではないかとの期待から興味がもたれている．

7.2　鉄系超伝導体の SI-STM

鉄系超伝導体における超伝導ギャップや電子ネマティック状態の研究において，SI-STM は重要な役割を果たしてきた．鉄系超伝導体は，層状物質で劈開性を有するために SI-STM に必要な清浄表面の準備は比較的容易である．しかし，バルク電子状態を SI-STM で研究するための最低条件である電気的に中性

[2)] 銅酸化物高温超伝導体では，並進対称性も破れるので，電子スメクティック状態とよぶ方が正確である．

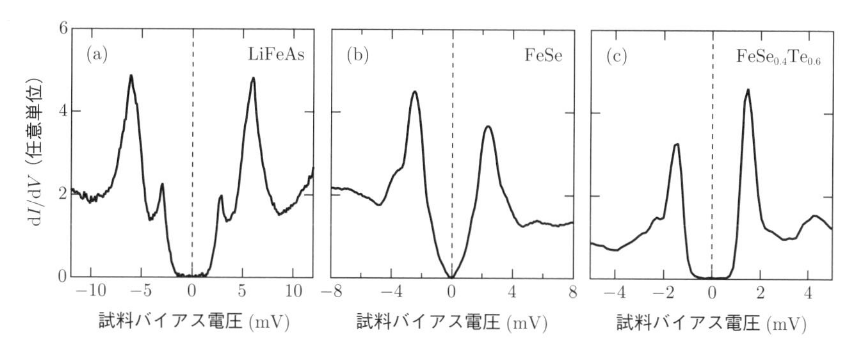

図 **7.3**　様々な鉄系超伝導体の超伝導ギャップスペクトル.

な劈開面が得られる鉄系超伝導体は，LiFeAs と FeSe，およびその置換系にほぼ限られている．このうち，FeSe は，セレンを同族の硫黄やテルルに置換することで多様な電子相を実現可能なことから多くの研究が行われている [95]．以下，FeSe とその置換系を中心に，SI-STM を用いた超伝導ギャップ，電子ネマティック状態，およびその両者の関係に関する研究結果を紹介する．

7.2.1　超伝導ギャップ

鉄系超伝導体の微分コンダクタンススペクトルに現れる超伝導ギャップは，物質によって異なる特徴をもつ．図 7.3 に，LiFeAs, FeSe, $FeSe_{0.4}Te_{0.6}$ の微分コンダクタンススペクトルを示す．LiFeAs では，大小 2 つの超伝導ギャップが観測されており，フェルミ面ごとに異なる大きさのギャップが開いていることが示唆される [96,97]．フェルミエネルギー近傍の有限のエネルギー範囲でスペクトル強度が消失したフラットな領域があるので，フェルミ面上にノードはないことがわかる．一方，FeSe のスペクトルは V 字型であり，フェルミ面上にノードが存在するか，少なくとも，超伝導ギャップに非常に大きな波数依存性が存在することが示唆される [98]．これに対し，FeSe の Se を Te で大量に置換した $FeSe_{0.4}Te_{0.6}$ は，スペクトルの底が平らな U 字型であるので，LiFeAs と同様にフルギャップである [17]．

このような超伝導ギャップの多様性は，超伝導発現機構と関係がある．スピンゆらぎ機構によると，ネスティングベクトル $\boldsymbol{Q}_{\mathrm{n}}$ が物質の詳細に依存する可

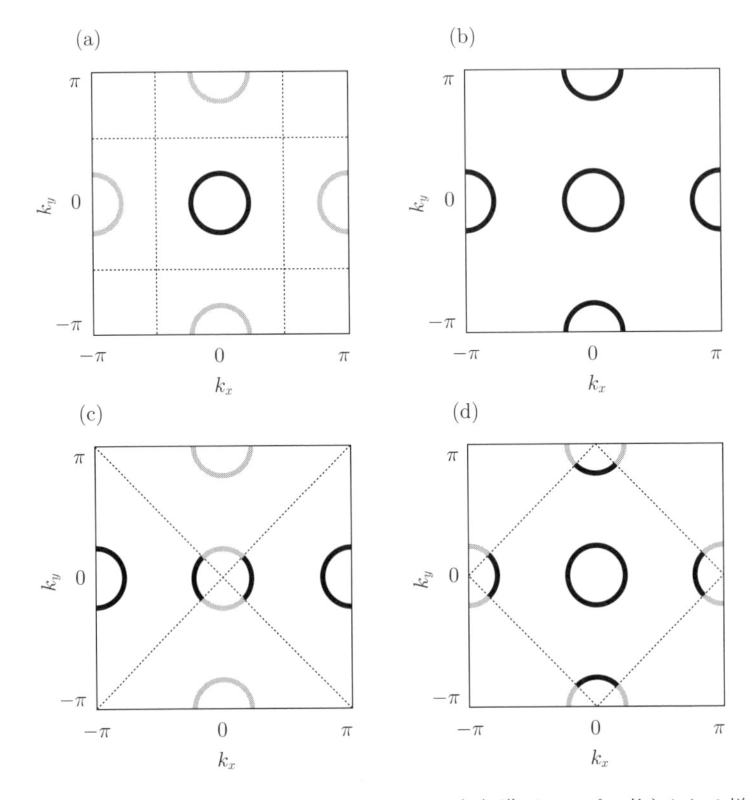

図 7.4　鉄系超伝導体の非連結フェルミ面上に開く超伝導ギャップに考えられる様々な符号構造．(a) $s_{\pm}$ 波，(b) s_{++} 波，(c) d 波，(d) 異方的 s 波．黒い太線と灰色の太線は超伝導ギャップの符号が異なることを示す．点線はノードの位置を示している．

能性がある．そのため，超伝導ギャップの符号構造にはバラエティがあり，ノードをもつ異方的 s 波超伝導状態や，ホール面にノードをもつ d 波超伝導が起こることもあり得る [99]．また，スピンゆらぎ機構による $s_{\pm}$ 波超伝導と軌道ゆらぎ機構による s_{++} 波超伝導は，ともに s 波対称性をもち排他的ではないので，両者が協奏することが可能である．このような場合，軌道ゆらぎ機構が支配的であっても，スピンゆらぎの寄与によって，超伝導ギャップにノードが現れる可能性がある [100]．鉄系超伝導体で期待される超伝導ギャップの符号構造の模式図を図 7.4 に示した．

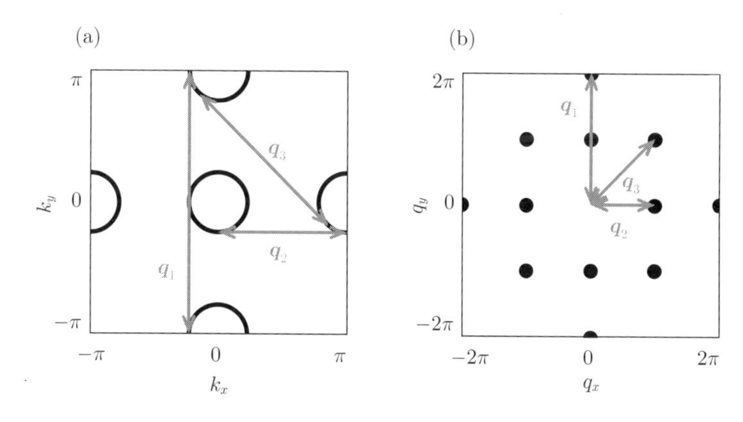

図 7.5 鉄系超伝導体のフェルミ面間散乱で期待される準粒子干渉の波数ベクトル．(a) 波数空間，(b) SI-STM で得られるデータのフーリエ変換像に対応する q 空間．

このように，超伝導ギャップが多様性をもつという実験結果は，超伝導発現機構と強い関連があるものの，様々な物質で観測される超伝導ギャップスペクトルが多様であるという実験結果だけでは，スピンゆらぎ機構，軌道ゆらぎ機構のどちらが支配的であるのかという問いに対するヒントにはならない．鉄系超伝導を詳細に理解するためには，個々の物質ごとに超伝導ギャップ構造を調べる必要がある．スピンゆらぎ機構による $s_{\pm}$ 波超伝導と軌道ゆらぎ機構による s_{++} 波超伝導の最も大きな違いであるホール面と電子面の間の超伝導ギャップの符号反転の有無をどのように実験的に検出するかが，超伝導ギャップ構造解明の鍵となる．そのためには，ブリルアンゾーン内の異なる場所にあるフェルミ面を区別できる波数分解能と，超伝導ギャップの符号を検出できる位相敏感性の両者が不可欠である．

6.3.4 項で解説したように，SI-STM で観測される超伝導状態のボゴリューボフ準粒子干渉パターンは，波数情報だけでなく，コヒーレンス因子を通して超伝導ギャップの位相情報を含むと考えられるので，$s_{\pm}$ 波超伝導と s_{++} 波超伝導を区別する目的に利用できる．図 7.5 に示すように，鉄系超伝導体の異なるフェルミ面間の散乱に起因するボゴリューボフ準粒子干渉は，$\boldsymbol{q}_1, \boldsymbol{q}_2, \boldsymbol{q}_3$ の 3 つの散乱ベクトルで特徴付けられる．このうち，$\boldsymbol{q}_2$ と $\boldsymbol{q}_3$ は，表 7.1 に示すように，超伝導ギャップの符号構造によって，符号保存散乱になったり，符号反転

表 7.1　鉄系超伝導体で可能な超伝導ギャップの符号構造と，期待されるボゴリューボフ準粒子干渉信号の磁場による変化．

超伝導ギャップ構造	$\boldsymbol{q}_2$	$\boldsymbol{q}_3$
$s_\pm$［図 7.4(a)］	減少（符号反転）	増大（符号保存）
s_{++}［図 7.4(b)］	増大（符号保存）	増大（符号保存）
d［図 7.4(c)］	–	減少（符号反転）
異方的 s［図 7.4(d)］	–	–

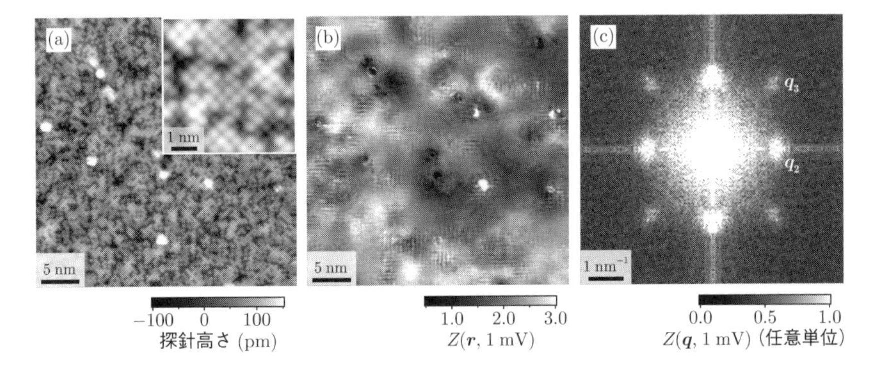

図 7.6　(a) $\mathrm{FeSe_{0.4}Te_{0.6}}$ の超伝導状態 ($T = 1.5\,\mathrm{K}$) における STM 像．解像されている原子サイトは最表面のカルコゲンサイトで，内挿した拡大図に示すように対角線方向に並んでいる．内挿図ではコントラストを強調している．鉄の格子はこれと 45° 傾いており，最近接の鉄同士は水平・垂直方向に並んでいる．(b) $Z(\boldsymbol{r}, 1\,\mathrm{mV})$，(c) $Z(\boldsymbol{q}, 1\,\mathrm{mV})$．$\boldsymbol{q}_2$, $\boldsymbol{q}_3$ は，図 7.5 に示したものに相当する．

散乱になったりする．銅酸化物高温超伝導体の場合と同じボゴリューボフ準粒子干渉パターンの磁場依存性の現象論が成り立てば，符号保存散乱と符号反転散乱の信号は，それぞれ磁場の印加によって増大・減少することが期待されるので，実際のデータと表 7.1 との比較から，異なる超伝導ギャップ構造を区別できるであろう．

鉄系超伝導体におけるこのような実験は，$\mathrm{FeSe_{0.4}Te_{0.6}}$ で行われた [17]．ボゴリューボフ準粒子の特徴である，占有状態と非占有状態で干渉パターンが空間的に位相反転する性質を利用して，銅酸化物高温超伝導体の場合と同様に正負対称なエネルギーにおける微分コンダクタンス像の比 $Z(\boldsymbol{r}, V)$ にボゴリューボフ準粒子干渉パターンが現れることが期待される．図 7.6 に，$\mathrm{FeSe_{0.4}Te_{0.6}}$ の STM 像，同じ視野での $Z(\boldsymbol{r}, V)$，および，そのフーリエ変換像 $Z(\boldsymbol{q}, V)$ を示す．

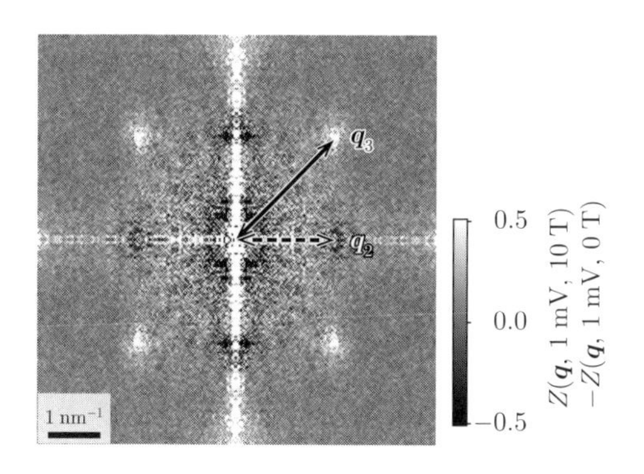

図 **7.7** $\mathrm{FeSe_{0.4}Te_{0.6}}$ の $Z(\boldsymbol{q}, 1\,\mathrm{mV})$ の磁場による変化.

実空間像 $Z(\boldsymbol{r}, V)$ には，最近接の Fe 同士を結ぶ方向に走る縞模様が観測されている．この縞模様の間隔は，最近接 Fe 原子間距離の約 2 倍であり，結晶構造の周期からは説明できないが，ホール面と電子面をつなぐような散乱ベクトル $\boldsymbol{q}_2$ で特徴づけられる干渉の波長とよく符合する．$Z(\boldsymbol{q}, V)$ にも，$\boldsymbol{q}_2$ の波数に強い信号が現れている．$\boldsymbol{q}_3$ における干渉信号は，$Z(\boldsymbol{q}, V)$ において，カルコゲン格子に由来するブラッグピークと同じ波数に現れる．しかし，格子由来のブラッグピークは鋭く，現れる波数領域がごく狭いのに対し，ボゴリューボフ準粒子干渉由来の信号は実空間で欠陥周辺に限られているので $Z(\boldsymbol{q}, V)$ ではブロードになっている．そのため，両者は区別できる．

同様の実験を磁場中で行い，磁場中の $Z(\boldsymbol{q}, V)$ から無磁場での $Z(\boldsymbol{q}, V)$ を差し引くことで，磁場によるボゴリューボフ準粒子干渉信号の変化を抽出できる．図 7.7 に示すように，$\boldsymbol{q}_2$ と $\boldsymbol{q}_3$ における信号は，それぞれ磁場によって減少・増大しているので，$\boldsymbol{q}_2$ は符号反転散乱，$\boldsymbol{q}_3$ は符号保存散乱であることが示唆される．したがって，表 7.1 に従えば，$\mathrm{FeSe_{0.4}Te_{0.6}}$ の超伝導は $s_\pm$ 波超伝導であることになる．

ボゴリューボフ準粒子干渉と同様に波数分解能と位相敏感性の両方を有する手法である中性子非弾性散乱の実験からも，$\mathrm{FeSe_{0.4}Te_{0.6}}$ における $s_\pm$ 波超伝導が示唆されている [101]．しかし，鉄系超伝導体のもつ多バンド性や，電子間相互作用の効果を考慮すると，ボゴリューボフ準粒子干渉の結果も中性子非弾性散乱の結果も，s_{++} 波超伝導であっても説明可能であるという主張もあり，他の物質を含め，鉄系超伝導体の超伝導ギャップ構造に関する完全なコンセンサスは現在のところ得られていない [102, 103].

物質によらずユニバーサルに d 波超伝導が実現する銅酸化物高温超伝導体と異なり，超伝導ギャップに強い物質依存性が存在することは鉄系超伝導体の大きな特徴であり，その解明は，超伝導発現機構の理解に欠かせない．今後，個々の物質に対するより詳細な実験と，バンド構造などの物質の個性を定量的に取り込んだ理論との比較が必要である．超伝導ギャップの位相情報を抽出する手法としてのボゴリューボフ準粒子干渉の実験・解析は，磁場依存性以外にもいくつかの方法が提案されているが [104–106]，残念ながらいずれの方法も確立しているとは言い難い．ボゴリューボフ準粒子干渉パターンから波数分解された位相情報を正しく系統的に引き出すための解析手法の開発は，今後の重要な課題である．波数分解された超伝導ギャップの位相情報にアクセス可能な実験はごく限られているので，SI-STM の果たす役割は重要である．

7.2.2　電子ネマティック状態

電子ネマティック状態は，電子系が，結晶格子のもつ並進対称性を保ったまま回転対称性を自発的に破った状態である．実空間・波数空間両方の電子状態を調べることのできる SI-STM は，このような電子系の対称性の低下を研究する上で有用な手法である．鉄系超伝導体では，母物質や微量ドープ領域の $CaFe_2As_2$ [107] や NaFeAs [108] を対象として，電子ネマティック状態における異方的なバンド分散や不純物状態に関する研究が，SI-STM を用いて行われてきた．しかし，これらの物質は，電子ネマティック転移直下の温度で反強磁性状態に転移し，回転対称性に加えて並進対称性や時間反転対称性が破れるために，電子ネマティック状態そのものの性質を調べることがむずかしい．

FeSe は，約 90 K 以下で電子ネマティック状態になるが，鉄系超伝導体関連物質の中では例外的に最低温まで磁気転移を示さないユニークな物質である．超伝導転移温度は約 9 K で，低温で電子ネマティック状態と超伝導が共存する．したがって，電子ネマティック状態そのものだけでなく，その超伝導との関係を調べる上でも重要な物質である．ここでは，FeSe の電子ネマティック相における電子状態の特徴が，SI-STM によってどのように観測されるのか概説する．

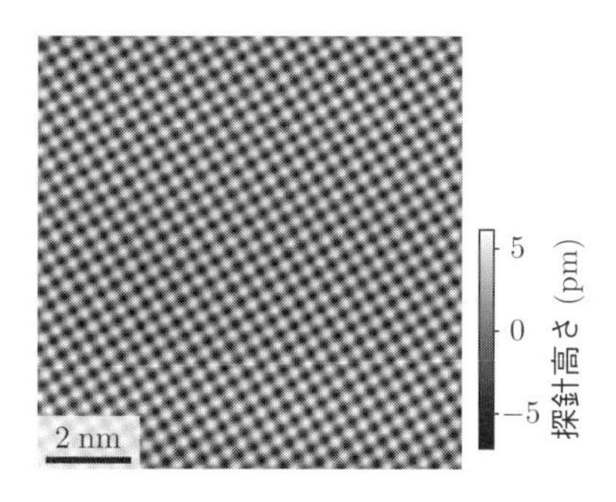

図 **7.8** FeSe の STM 像.

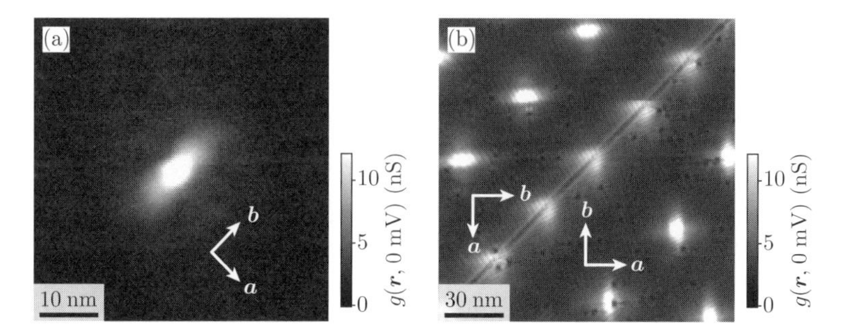

図 **7.9** (a) 0.25 T の磁場を印加して，温度 0.4 K でフェルミエネルギーでのコンダクタンスをマッピングして得た，FeSe の単一渦糸像．(b) 同様にして得た，双晶境界を含む領域での渦糸像．磁場：1 T，温度：1.5 K．$\boldsymbol{a}$，$\boldsymbol{b}$ は，近接する鉄同士を結ぶ方向を向いた単位格子ベクトルで，$|\boldsymbol{a}| < |\boldsymbol{b}|$ である．

図 7.8 に，1.5 K で測定された FeSe の STM 像を示す．最表面のセレン格子が解像されており，欠陥のない領域の STM 像には明確な $C_{4\mathrm{v}}$ 対称性の破れは見られない．しかし，以下に示すように，電子状態には大きな 2 回対称性の面内異方性が観察される．図 7.9 に，超伝導状態で磁場を印加したときに形成される渦糸観察の結果を示す．図 7.9(a) に示すように，渦糸芯の形状は，$\boldsymbol{b}$ 軸方向に長く伸びた楕円形をしている．このような異方性の起源は，図 6.2 に示した $\mathrm{NbSe_2}$ の場合のように超伝導ギャップの異方性に起因する場合の他に，フェルミ面の形状が重要となる場合があるが，FeSe でそのいずれが支配的かはわかっていない．いずれの場合であっても，渦糸心が楕円形であることは，電子状態の対称性が $C_{4\mathrm{v}}$ から $C_{2\mathrm{v}}$ へ低下していることの証拠であり，電子ネマティック

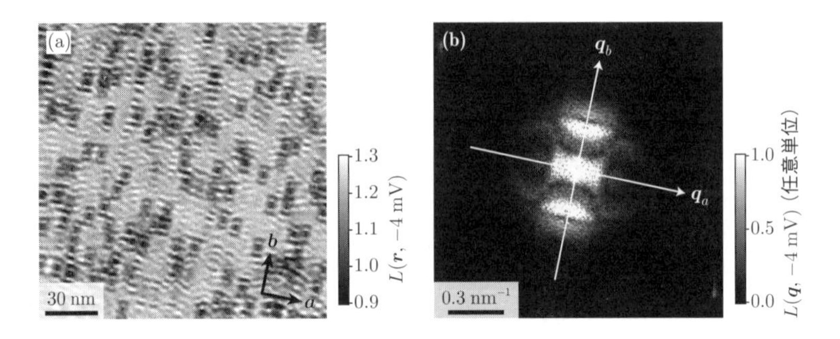

図 7.10　(a) 規格化コンダクタンス像 $L(\boldsymbol{r}, -4\,\mathrm{mV})$ に現れる FeSe の準粒子干渉パターン．(b) (a) のフーリエ変換像．

状態の特徴をとらえたものであるといえる．

電子ネマティック状態に転移する際には，回転対称性の破れる方向が 90° 異なる 2 種類のドメインが形成されると考えられる．実際，図 7.9(b) に示すように，楕円形の渦糸芯の向きが異なる 2 つの領域が存在している．ドメインの境界（双晶境界）は，異なる電子状態の接合面であり，接合面が誘起する特異な超伝導状態が期待されるため，興味深い研究対象になっている [109]．

電子ネマティック状態の特徴は，準粒子干渉パターン 3) にも反映される [110, 111]．図 7.10 に，SI-STM で得られた FeSe の電子状態像を示す．ここでは，セットポイント効果を除くために，$L(\boldsymbol{r}, V)$（4.3 節参照）と，そのフーリエ変換像 $L(\boldsymbol{q}, V)$ を示す．欠陥の周囲に準粒子干渉による波状構造が観測されている．そのパターンには強い面内異方性があり，電子状態がネマティックになっていることがわかる．

図 7.11 に，$L(\boldsymbol{q}, V)$ 像の直交する主軸に沿った断面図を示す．$\boldsymbol{q}_a$ 方向には電子的な分散が，$\boldsymbol{q}_b$ 方向にはホール的な分散が，それぞれ観測されている．ARPES の結果によると，電子ネマティック状態における FeSe のフェルミ面は，図 7.12 に示すように，ブリルアンゾーンの中心にあるホール面とゾーン境界にある電子面がそれぞれ直交する方向に伸びている [112]．ARPES と準粒子干渉の結果を比較すると，準粒子干渉に現れるホール的，電子的なブランチは，それぞれホール面，電子面の短軸方向を結ぶ散乱ベクトルに対応している．FeSe のフェ

3) ここでの準粒子干渉は，ボゴリューボフ準粒子ではなく，通常の準粒子の干渉である．

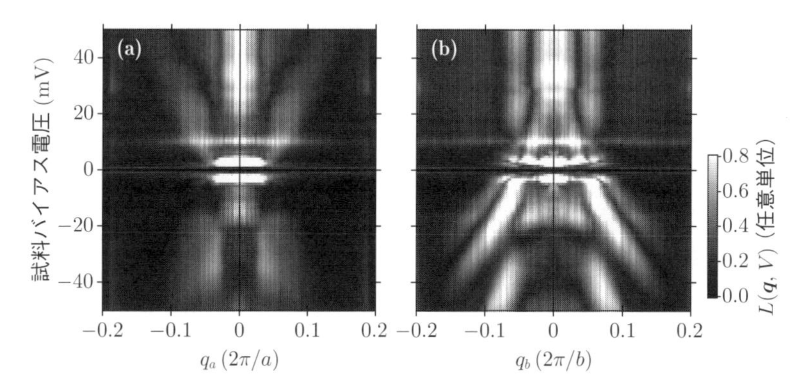

図 7.11 フーリエ変換した規格化コンダクタンス像 $L(\boldsymbol{q}, V)$ の主軸に沿った断面図に現れる FeSe の準粒子干渉のブランチ.

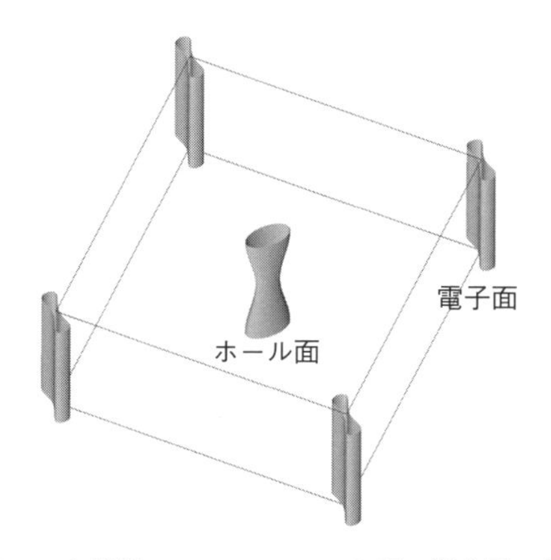

図 7.12 電子ネマティック状態の FeSe のフェルミ面の模式図. 実線は, Se の周期を考慮した実際の単位格子（鉄 2 個を含む）に対応するブリルアンゾーンを示す.

ルミ面は, ホール面, 電子面ともに 1 枚ずつであるが, 準粒子干渉では, フェルミエネルギーを横切るホール的なブランチが 2 本ある. これは, ホール面の 3 次元性に由来する可能性が高い. フェルミ面が $\boldsymbol{k}_z$ 方向に分散している場合, 準粒子干渉に主要な寄与をするのは, 群速度が表面に水平になるような電子状態である. この条件を満たす状態は, $k_z = 0$ と $k_z = \pi$ に現れるので, 観測された 2 本のブランチは, これら異なる $\boldsymbol{k}_z$ の状態をとらえていると考えられる. 実際, このような仮定に基づく FeSe の準粒子干渉パターンのシミュレーションは，実験結果をよく再現する [113]．この結果は，準粒子干渉から電子状態の3次元性に関する情報を得ることが可能であることを意味している．他の物質でも，準粒子干渉から3次元的電子状態を調べる試みがなされている [114]．電子面は，$\boldsymbol{k}_z$ 方向の分散が小さいために，このようなブランチの分裂は観測されない．

7.2.3 超伝導と電子ネマティック状態

超伝導と電子ネマティック状態がどのような関係にあるかを調べることは，超伝導発現機構に対する軌道の役割を考える上でも，超伝導と電子ネマティック状態が共存・競合することで現れる創発物性を探索する上でも，興味深い．FeSe のセレンを硫黄で置換した $\mathrm{FeSe}_{1-x}\mathrm{S}_x$ は，$0 \le x \le 1$ の全域で安定であり，置換量 x によって物性を系統的に変化させることができるため，電子ネマティック状態と超伝導の関係を調べる上で興味深い系である [95]．超伝導は $0 \le x \le 1$ の全域で観測されるが，電子ネマティック転移温度は x の増加とともに低下し，$x_\mathrm{N} = 0.17$ 以上の置換領域では電子ネマティック状態は消失する [115]．そのため，x_N を含む組成領域で x を系統的に変化させて電子状態や超伝導ギャップを調べることで，ネマティック状態と超伝導の関係を明らかにできる．

電子状態の基本となるバンド構造の変化は，準粒子干渉によって調べることができる [111]．硫黄置換に伴う準粒子干渉の各ブランチの変化を図 7.13 に示す．x とともに準粒子干渉パターンは不明瞭になってしまうが，$k_z = 0$ 付近のホール面の短軸方向の差し渡しに相当する散乱ベクトルのブランチは，すべての置換量で観測される．一見して x_N 近傍で準粒子干渉パターンに大きな変化は見られない．実際，このブランチの解析から見積もられるフェルミ波数やフェルミ速度は，図 7.14 に示すように，x に対して滑らかに変化しており，x_N 付近で明確な異常を示さない．この結果から，電子ネマティック状態の消失に伴うバンド構造の変化は滑らかに進行することがわかる．

次に，硫黄置換に伴い超伝導ギャップがどのように変化するか見てみよう [111]．図 7.15 に，様々な x の試料における低エネルギー領域の微分コンダクタンススペクトルを示す．バンド構造は x とともに系統的に変化するが，超伝導ギャップの大きさやスペクトル形状は，電子ネマティック状態にある限り ($x < x_\mathrm{N} = 0.17$)

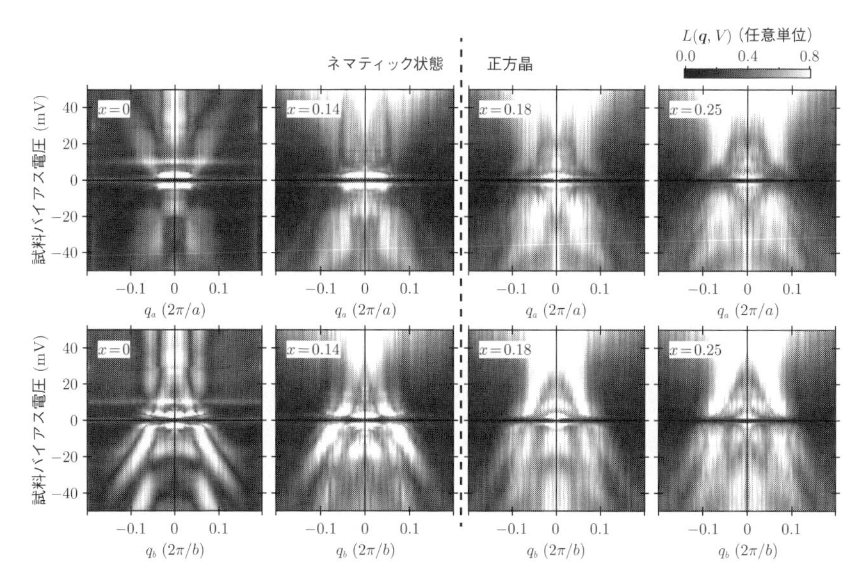

図 7.13　$FeSe_{1-x}S_x$ のフーリエ変換した準粒子干渉パターンの主軸に沿った断面図.

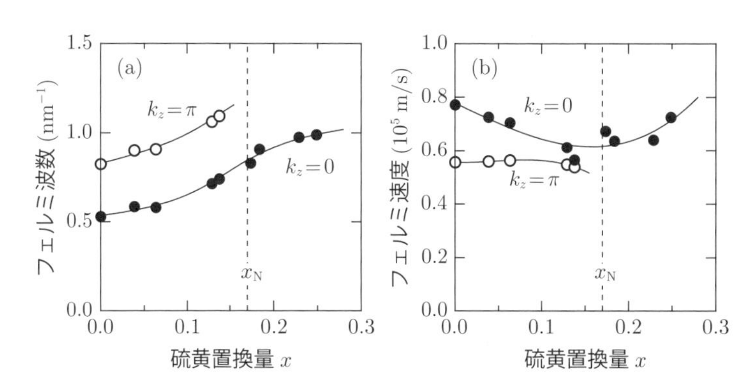

図 7.14　$FeSe_{1-x}S_x$ のホールバンドの硫黄置換に伴う (a) フェルミ波数と (b) フェルミ速度の変化. 実線はアイガイド.

ほとんど変化しない. ところが, $x > x_N$ で電子ネマティック状態が消失すると, ギャップが急激に小さくなり, 同時にフェルミエネルギーに大きな残留状態が現れる. すなわち, $FeSe_{1-x}S_x$ の超伝導は, 電子ネマティック状態がもたらす回転対称性の破れの有無に敏感であるが, いったん対称性が破れると, 電

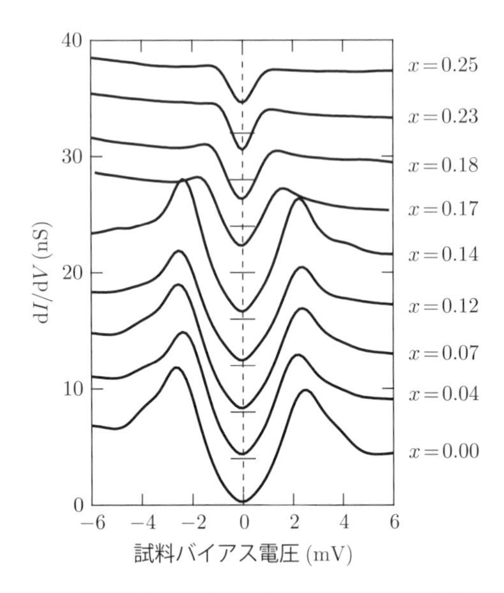

図 7.15　$FeSe_{1-x}S_x$ の超伝導ギャップスペクトル．$x = 0.00$ 以外のスペクトルは，4 nS ずつ縦方向にシフトさせている．短い横線は，それぞれのスペクトルに対するベースラインを示す．

子状態の異方性の大きさにはほとんど影響を受けないことが示唆される．

電子ネマティック状態が消失した $x > x_N$ の領域で観測された残留状態密度は，十分に準粒子の平均自由工程が長い試料において，超低温でエネルギー分解能の高い測定を行っても観測されるので，不純物の影響や温度によるブロードニングなどの外因的効果では説明できない．また，比熱測定のような他の実験手法でも同様の結果が得られているので [116]，$x > x_N$ における残留状態密度は本質的なものと考えられる．このような残留状態密度の存在は，対を形成していない準粒子が大量に存在していることを意味しており，極めて異常な現象である．超伝導ギャップのノードが波数空間で面状に現れる可能性が理論的に提案されているが [117,118]，その実験的検証は今後の課題となっている [4)]．

4) このような面状のノードは，ボゴリューボフフェルミ面とよばれている．

第8章 極端条件下でのSI-STM

STMは，その本体が手のひらに乗るほどコンパクトであることに加え，光や電子の導入・検出を必要とせず，すべての入出力信号を数kHz程度の低周波電気信号として処理できるシンプルな装置である．このため，実験スペースが限られる強磁場・超低温といった極端条件環境との組合せが比較的容易である．これらの複合極限環境は，電子の量子力学的特徴を顕わにし，物性の背後にある電子状態を解明する上で役立つだけでなく，極端条件下で初めて発現する新しい創発物性を探索する上でも重要である．本章では，このような極限環境下でのSI-STMを，トポロジカル量子物質に関する研究を例として紹介する．

8.1 強磁場中でのSI-STM —トポロジカル絶縁体—

8.1.1 磁場中の電子状態

磁場は，制御性に優れた外部パラメータであり，磁性体や超伝導体をはじめ，様々な物質の研究において重要な役割を果たしている．

電子に対する磁場の効果は，スピンに対するゼーマン効果と，ローレンツ力によって電子軌道が曲げられる効果の2つに大別できる．いずれの場合も，磁場効果のエネルギースケールは通常非常に小さい．それぞれの特徴的エネルギーは，ゼーマン効果の場合は縮退したスピン $s = \pm 1/2$ の状態の磁場中での分裂幅 $2g\mu_{\rm B}Bs$，軌道効果の場合は，サイクロトロンエネルギー $\hbar eB/m^*$ で与えられる．ここで，$\mu_{\rm B}$ はボーア磁子，B は印加磁場の磁束密度である．電子の g 因子が $g = 2$ で，電子の有効質量 m^* が自由電子の質量 $m_{\rm e}$ であるとすると，2つのエネルギースケールは等しく，1 T あたり $\hbar e/m_{\rm e} \sim 116\,\mu{\rm eV/T}$ にすぎない．

したがって，分光学的にこれらの磁場効果を検出するためにはサブ meV 以上の高いエネルギー分解能が必要になる．

固体内のバンド電子では，強いスピン軌道相互作用によって g 因子が 2 より大きくなったり，電子の有効質量が m_e より小さくなったりすることで，磁場効果のエネルギースケールが大きくなることがある．特に，ハニカム状の単層炭素シートであるグラフェンなどで実現されるディラック電子では，電子の有効質量がゼロなのでサイクロトロン周波数が非常に大きくなり，サイクロトロン軌道が形成するランダウ準位をトンネル分光によって比較的容易に観測することができるようになる．本節では，トポロジカル絶縁体表面に形成されるディラック電子のランダウ量子化の観測と，そこから得られる情報について紹介する．

8.1.2　トポロジカル絶縁体

トポロジカル絶縁体は，バルクでは絶縁体であるが表面は金属として振る舞う特異な絶縁体であり，2005 年に理論的に提案された [119, 120]．トポロジカル絶縁体に関しては 本シリーズ第 1 巻「スピン流とトポロジカル絶縁体」[121] で紹介されている他，和文の詳しい教科書がある [122, 123]．ここでは概略を紹介する．

近年，物質のバンド構造がもつトポロジー的性質の重要性に注目が集まっている．穴の数に着目すれば，コーヒーカップの形は湯呑み茶碗とは異なりドーナツと同じとみなせるように，トポロジーの概念は，物事の詳細によらない頑健な分類法を提供する．バンド電子の波動関数は，物質を構成する元素の原子軌道の波動関数と対応付けることが可能であり，原子間のホッピングエネルギーが十分小さければ，バンドがエネルギー方向に現れる順番は，元々の原子軌道のエネルギーの順番になる．しかし，ホッピングが大きくなると，バンド分散が大きくなり，バンドは互いに交差するので，バンドエネルギーの順番と元々の原子軌道の順番は必ずしも対応しなくなる．バンドが交差する波数には通常，混成によってギャップが開くが，s 軌道由来と p 軌道由来のバンドのように，波動関数の偶奇性が異なるバンドが交差する場合，結晶の周期ポテンシャルだけではバンド混成が起こらず，ギャップが開かない．しかし，スピン軌道相互作用が強い場合，偶奇性の異なるバンドが交差する波数にもギャップを開けることができる．このようにしてできたバンドギャップでは，その上下のバンドの波動関数の偶奇性が波数によって「ねじれて」おり，偶奇性がブリルアンゾーン全体にわたって変わらない「自明な」バンドギャップとはトポロジーが異なる．このようにトポロジカルに非自明なバンドギャップの中に化学ポテンシャルが位置するような絶縁体が，トポロジカル絶縁体である．

物質がトポロジカル絶縁体かどうかは，2 次元系では 1 個，3 次元系では 4 個の，Z_2 指数 ($\in \{0,1\}$) を調べる必要がある [124]．Z_2 指数は，コーヒーカップやドーナツの穴の数に相当する「トポロジカル不変量」であり，関係する系の対称性が保たれる限り変化しない．トポロジカル絶縁体の場合，時間反転対称性が Z_2 指数を不変に保っている．一方，結晶のもつ回転や鏡映のような点群対称性によって保護されるトポロジカル不変量をもつ物質も存在し，トポロジカル結晶絶縁体とよばれている [125]．この他にも，様々なタイプの非自明なトポロジカル不変量をもつ物質，すなわちトポロジカル物質が見出されており，その物性の研究は大きな広がりを見せている．

トポロジカル物質の特徴は，表面や端のような試料の境界に，様々な非自明な現象が現れることにある．トポロジカル絶縁体の場合，バンドギャップの中に化学ポテンシャルがあり，バルクはその名の通り絶縁体である．トポロジカル絶縁体を自明な絶縁体と接触させると，境界でトポロジカル不変量が変化することになる．コーヒーカップを湯呑み茶碗に変形させるためには，取っ手の穴をつぶさなければいけないように，非自明な絶縁体が自明な絶縁体と接合する境界では，非自明なバンドギャップをいったんゼロにしなければならない．バンドギャップがなくなるので，このような界面は，必ず金属になる．真空はトポロジーとしては自明な絶縁体に分類されるので，トポロジカル絶縁体の表面も金属的に振る舞うことが期待される．

この金属的表面状態は，何らかの擾乱があっても，時間反転対称性が保たれている限り影響を受けず，トポロジー的に保護されている．また，このようなトポロジカル表面状態の電子は，図 8.1 に示すようなエネルギーが波数に対して線形なコーン型の分散関係をもち，有効質量がゼロのディラック電子として振る舞うことが知られている．ディラック電子は，グラフェンのように他の系にも現れ，通常はブリルアンゾーン内にディラックコーンは偶数個存在し，そ

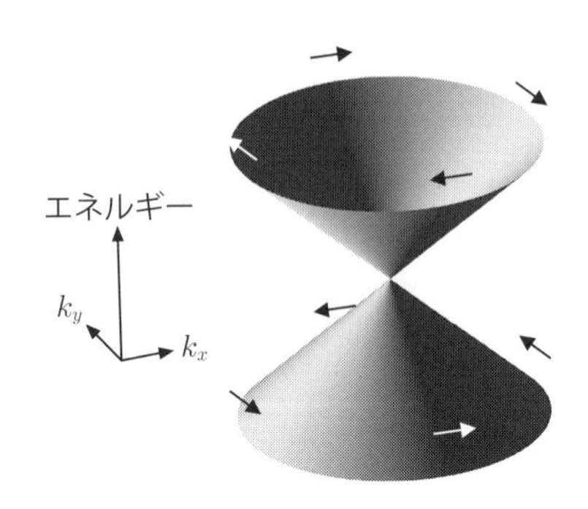

図 8.1　トポロジカル表面状態のディラック電子がもつコーン型の分散関係とスピン偏極.

のそれぞれはスピン縮退している．一方，トポロジカル表面状態のディラックコーンは 1 個で，スピン偏極している（図 8.1）.

このような著しい特徴をもつトポロジカル絶縁体とその表面状態は，当初，量子スピンホール絶縁体とよばれて 2 次元系で提唱 [126]，検証 [127] が行われた．その後，Bi-Sb 合金や，テトラダイマイト系化合物 $Pn_2Ch_2^{\mathrm{A}}Ch^{\mathrm{B}}$ (Pn: Bi,Sb, Ch^{A},Ch^{B}: Se,Te) が 3 次元トポロジカル絶縁体であることが理論的に予言され，ARPES によるディラックコーンやそのスピン偏極の直接観測によって，実験的にも確立された [128–130].

8.1.3　ランダウ量子化

トポロジカル絶縁体の特徴は表面に現れるので，その性質を調べる上で，表面敏感な SI-STM は ARPES とともに重要な役割を果たす．特に，磁場中では ARPES が適用できないので，トポロジカル表面状態に対する磁場効果の研究には SI-STM が欠かせない.

トポロジカル表面状態の電子は質量をもたないディラック電子なので，磁場による大きな軌道効果が期待できる．一般に，磁場中の電子はサイクロトロン運動することによって磁場と垂直な面内にその広がりが制限され，エネルギーがランダウ量子化される．有効質量 m^* をもつ通常の電子の場合，この状況は固有振動数がサイクロトロン周波数 $\omega_{\mathrm{c}}^{(\mathrm{C})} = eB/m^*$ の調和振動子と等価で [1),]

1) 上付きの C は，質量をもつ通常の電子であることを示す.

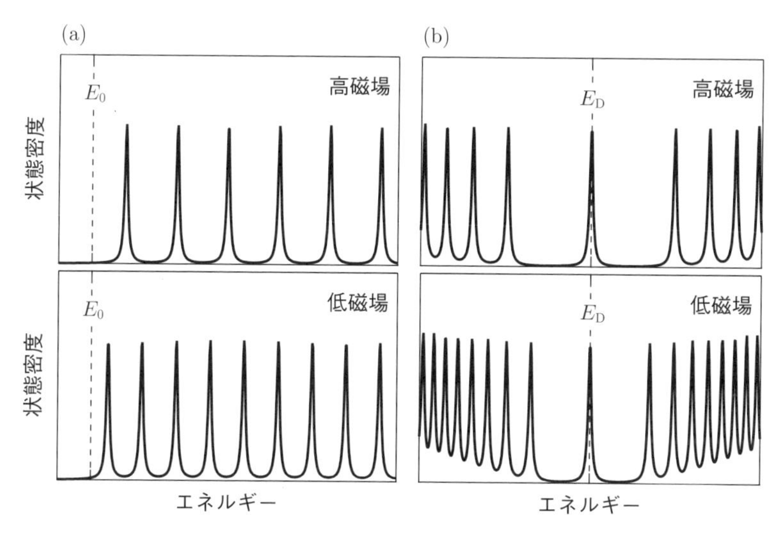

図 8.2 ランダウ準位が形成されている場合の状態密度スペクトルの模式図. (a) 質量をもつ通常の電子. E_0 はバンド端のエネルギー. (b) ディラック電子. E_D はディラック点のエネルギー.

n 番目のランダウ準位のエネルギー $E_n^{(\mathrm{C})}$ は,

$$E_n^{(\mathrm{C})} = E_0 + \hbar\omega_\mathrm{c}^{(\mathrm{C})}\left(n + \frac{1}{2}\right), \qquad n = 0, 1, 2, \cdots \tag{8.1}$$

と書くことができる. E_0 はバンド端のエネルギーである. これにより, 各準位は n と B に比例することがわかる. 図 8.2(a) に, このような場合に期待される磁場中での状態密度（微分コンダクタンススペクトル）の模式図を示す.

一方, ディラック電子のサイクロトロン周波数 $\omega_\mathrm{c}^{(\mathrm{D})}$ は, 電子の速度を v, 最低ランダウ準位の波動関数の広がりに相当する磁気長 $l_B = \sqrt{\hbar/eB}$ を用いて $\omega_\mathrm{c}^{(\mathrm{D})} = \sqrt{2}v/l_B$ と書け, ランダウ準位エネルギー $E_n^{(\mathrm{D})}$ は,

$$E_n^{(\mathrm{D})} = E_\mathrm{D} + \mathrm{sgn}(n)\hbar\omega_\mathrm{c}^{(\mathrm{D})}\sqrt{|n|}, \qquad n = \cdots, -2, -1, 0, 1, 2, \cdots \tag{8.2}$$

で与えられる [131]. E_D はディラックコーンが交差するディラック点のエネルギーである. ディラック電子では, $E_n^{(\mathrm{D})}$ は $\sqrt{|n|B}$ に比例する. すなわち, ランダウ準位の間隔は, 通常の電子では n に依存しないが, 図 8.2(b) に示すよ

うに，ディラック電子では n が小さいほど間隔が大きくなる．これは，ランダウ準位の縮重度は n に依存しないことと，状態密度がエネルギー ϵ にほとんどよらない通常の電子に対し，ディラック電子では，状態密度が E_{D} に向かって $|\epsilon - E_{\mathrm{D}}|$ に比例して小さくなることから，直感的に理解することができる．

ディラック電子のランダウ準位には，もう 1 つ大きな特徴がある．通常の電子では，調和振動子の零点振動に対応する因子 1/2 のために，$n = 0$ の準位を含むすべてのランダウ準位が磁場依存性を示すのに対し，ディラック電子の $n = 0$ の準位は，磁場に依存しない [2)]．これは，波数空間でディラック点を取り囲む軌道を周回する電子が獲得する幾何学的な位相（ベリー位相）の効果であり，ディラック電子の大きな特徴である．これらの特徴，すなわち，$n = 0$ の準位は磁場に依存せず，その他の準位は $\sqrt{|n|B}$ に比例するようなランダウ準位が観測されれば，ディラック電子の強い証拠となる．実際，代表的なディラック電子系であるグラフェンでは，図 8.2(b) に示したような微分コンダクタンススペクトルが観測されている [132].

8.1.4 トポロジカル表面状態のランダウ準位

トポロジカル表面状態の実験を行う上で，3 次元トポロジカル絶縁体 Bi_2Se_3 は，基本的で重要な物質である．この物質は，テトラダイマイト系化合物の一種で ($Pn = \mathrm{Bi}$, $Ch^{\mathrm{A}} = Ch^{\mathrm{B}} = \mathrm{Se}$)，ブリルアンゾーン中心の Γ 点に，等方的なディラックコーンを 1 つだけもつシンプルなトポロジカル絶縁体である [129]. Bi_2Se_3 は，図 8.3 に示すような層状構造をもち，容易に劈開するために，STM に適している．図 8.4(a) に，Bi_2Se_3 劈開面の STM 像を示す [133]．STM 像に見られる三角形の構造は，結晶作製の過程で不可避的に導入されてしまう Se 欠損に由来すると考えられている．Se 欠損はドナーとしてはたらくので，通常の Bi_2Se_3 はフェルミエネルギーが価電子帯にかかる縮退半導体である．このため，電気伝導度のような輸送特性を調べる実験では，バルクからの寄与が支配的になってしまい，トポロジカル表面状態の性質を調べることがむずかしい．一方，

---

2) $n = 0$ の準位が磁場に依存しないのはゼーマン効果を無視した場合であり，ゼーマン効果を考えると，$n = 0$ の準位はシフトする．これは，磁場によって時間反転対称性が破られた結果，ディラック点にギャップが開くことに相当する．

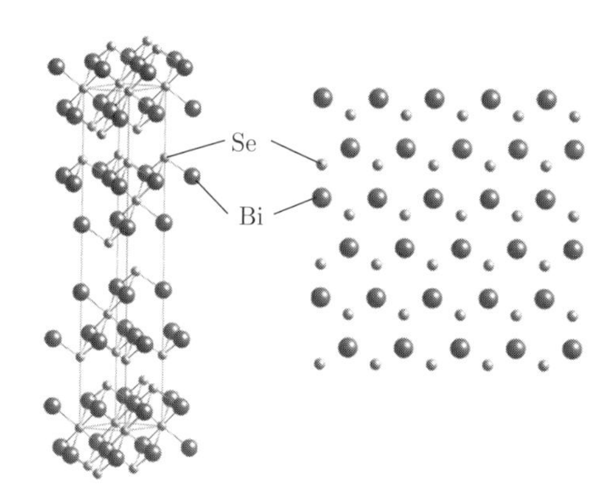

図 8.3 Bi_2Se_3 の結晶構造．Se-Bi-Se-Bi-Se の 5 原子層からなるユニットが積層している．右図は，ユニットの外側の Se とその内側の Bi の面内構造を示す．作図には，VESTA [44] を用いた．

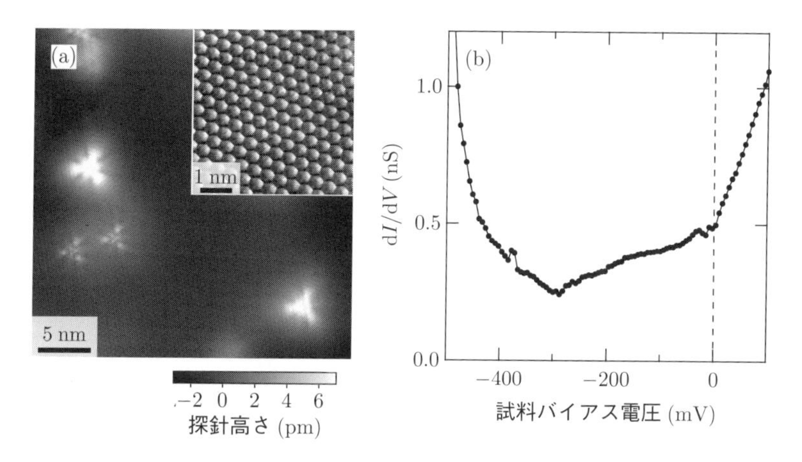

図 8.4 (a) Bi_2Se_3 劈開面の STM 像．内挿図は拡大図で，コントラストを強調している．(b) Bi_2Se_3 の微分コンダクタンススペクトル．

表面敏感でエネルギー可変なトンネル分光では，フェルミエネルギーより下のバルクのバンドギャップ内に形成されるディラックコーンに容易にアクセスできる．

図 8.4(b) に，Bi_2Se_3 の微分コンダクタンススペクトルを示す．微分コンダクタンススペクトルはディラック電子の状態密度が $|\epsilon - E_D|$ に比例することから

期待されるように V 字型である．V 字の底のエネルギーはディラック点のエネルギーに対応し，そこでの状態密度はゼロになるはずであるが，実際の微分コンダクタンススペクトルには有限のオフセットが観測されることが多く，その原因ははっきりしていない．ディラック点のエネルギーは，試料の Se 欠損の量によって異なり，典型的には $-400 \sim -150\,\mathrm{meV}$ 程度の値をとる．

磁場中での微分コンダクタンススペクトルを図 8.5(a) に示す [133]．磁場中では多数のピーク構造が観測され，ランダウ準位の形成を示している．図 8.5(a) に破線で示したように，ゼロ磁場での V 字型スペクトルの底，すなわちディラック点のエネルギーに現れるピークは，磁場によってほとんど動いていない．また，この準位を $n=0$ として指数付けすると，図 8.5(b) に示すように，各磁場での準位エネルギーは n に対してサブリニアに変化している．これらの振る舞いは，$n<0$ のランダウ準位が観測されていないことを除いて，式 (8.2) から期待されるものと一致しており，観測されたランダウ準位がトポロジカル表面状態のディラック電子由来であることを示している．$n<0$ のランダウ準位が観測されない理由は明らかではないが，ディラック点直下に位置しているバルクの価電子帯の影響である可能性がある．

得られたランダウ準位のデータから，トポロジカル表面状態のより詳細な情報を引き出すことができる．式 (8.2) から，$E_n^{(\mathrm{D})} \propto \sqrt{|n|B}$ なので，$\sqrt{|n|B}$ に対して $E_n^{(\mathrm{D})}$ をプロットすれば，すべてのデータ点は同じ直線に乗ると期待される．このような解析を行うと，図 8.5(c) に示すように，確かにすべてのデータは同一線上にスケールされるが，スケーリング関数は直線ではなく，下凸の曲線になっている．実は，以下に示すように，このスケーリング関数はエネルギーと波数の分散関係そのものであり，図 8.5(c) は，トポロジカル表面状態の分散が，理想的なディラック電子で期待される直線からずれていることを示している．

サイクロトロン運動する電子に課せられるボーア・ゾンマーフェルト量子化条件を考えることで，スケーリング関数と分散関係を結びつけることができる．n 番目のランダウ準位のサイクロトロン軌道が波数空間で囲む面積を S_n とすると，ボーア・ゾンマーフェルト量子化条件は，

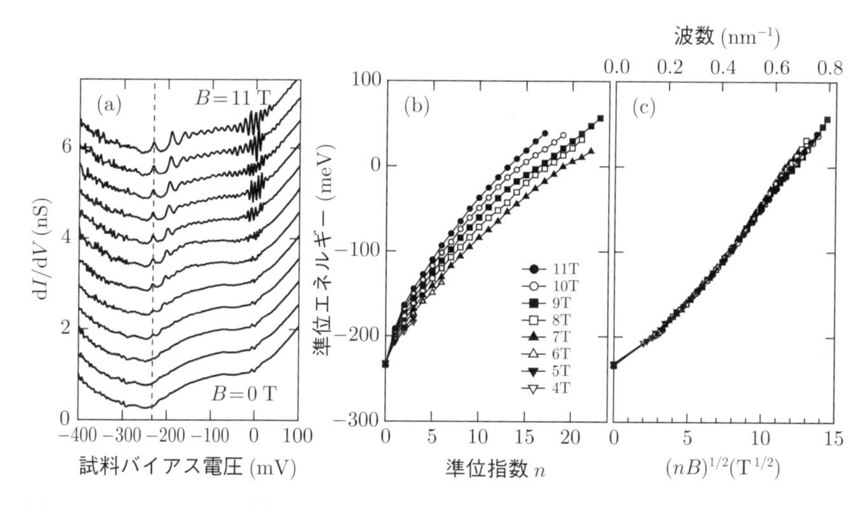

図 8.5 (a) Bi_2Se_3 の磁場中での微分コンダクタンススペクトル．0T から 11T まで，1T おきに取得したスペクトルを，下から順番にオフセットをつけて示した．(b) 各磁場におけるランダウ準位エネルギーの準位指数依存性．(c) 磁場中の準位エネルギーを $\sqrt{|n|B}$ の関数としてプロットしたもの．すべてのデータは同一の曲線上にスケールされる．上軸は，式 (8.4) を用いて $\sqrt{|n|B}$ を変換して得た波数．

$$S_n = (|n| + \gamma)\frac{2\pi eB}{\hbar} \tag{8.3}$$

となる．ここで，γ は位相因子とよばれ，式 (8.1) で現れた因子 1/2 に相当する．上述のようにディラック電子の場合は，$\gamma = 0$ である．波数空間におけるサイクロトロン軌道を円で近似し，その半径を k_n とすると，$S_n = \pi k_n^2$ なので，

$$k_n = \sqrt{\frac{2e|n|B}{\hbar}} \tag{8.4}$$

となり，$\sqrt{|n|B}$ と波数 k_n は比例関係にあることがわかる．Bi_2Se_3 のディラックコーンは波数空間でほぼ等方的なので，この近似はよく成り立つ．実際，式 (8.4) を用いて図 8.5(c) の横軸を波数に変換すると，Se 欠損量の違いに起因するディラック点の位置の違いを除いて，スケーリング関数は，ARPES で直接観測されたトポロジカル表面状態の分散と定量的に一致する．このように，トンネル分光によるランダウ準位の観測は，準粒子干渉パターンの観測とともに，本来実空間のプローブである STM を用いて波数空間の情報を調べる手法とし

て用いることができる．

8.1.5　サイクロトロン軌道の内部構造

ランダウ準位を観測するだけであれば SI-STM を行う必要はなく，単にトンネル分光を行えばよい．これは，波数空間情報を得る手法としてのランダウ準位観測の利点の 1 つである．一方，SI-STM を用いれば，実空間におけるサイクロトロン軌道の構造を調べることが可能になり，トポロジカル表面状態におけるディラック電子の波動関数に関する情報が得られるであろう．もし試料が均一であれば，並進対称性のために電子は一様に分布してしまうので，サイクロトロン軌道の可視化はできない．しかし，欠陥などによって試料表面にポテンシャルの分布があれば，電子はサイクロトロン運動をしながら等ポテンシャル線に沿ってドリフトするので，サイクロトロン軌道の可視化が可能になる．たとえば，ポテンシャルの谷の近傍では，エネルギーの増加とともに径が大きくなるリング状の構造が観測され，その内部構造から波動関数の情報が得られる [134, 135].

Bi_2Se_3 では，Se 欠陥がこのような非一様なポテンシャルを作り出すと考えられる．$n = 0$ のランダウ準位はディラック点にあるので，そのエネルギーの空間分布をマッピングすることで，ポテンシャル分布をディラック点エネルギーの分布として可視化できる．図 8.6 に，このようにして得られた Bi_2Se_3 のポテンシャル分布と，いくつかの場所で測定した微分コンダクタンススペクトルを示す．この視野には数 10 meV の深さのポテンシャルの谷があり，ポテンシャルの変化が大きな場所では，ランダウ準位が乱れていることがわかる．同じ視野で得た微分コンダクタンス像を図 8.7 に示す．エネルギーを上げていくと，期待通りに各 n に対応するリング構造が現れている．n が大きくなるとリングは太くなり，$n = 2$ のリングは，2 つの同心円状の構造をもつことがわかる．実は，この「2 つのピーク」は，ディラック電子の特徴を表している．質量をもつ通常の電子の場合，磁場中でサイクロトロン運動する電子の波動関数は，ラゲールの陪多項式で表され，動径方向に n 個の節をもっている．すなわち，ドリフトするサイクロトロン軌道が形成するリングを横切るように状態密度の空間分布を測定すると，n 個のディップ（あるいは $n + 1$ 個のピーク）が現れる

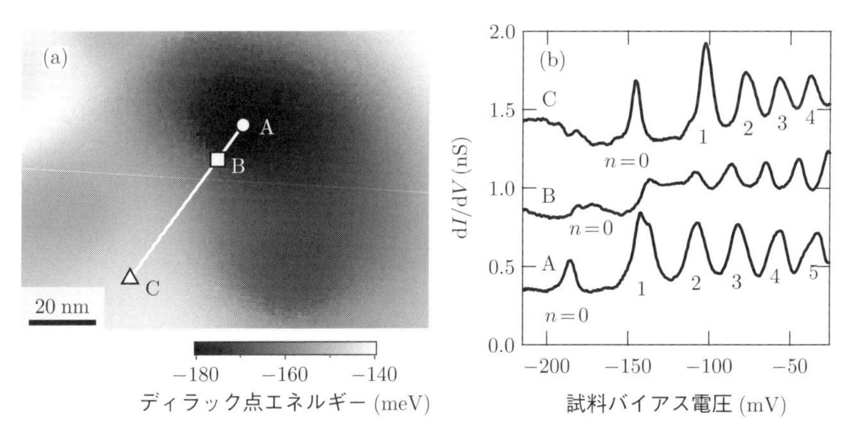

図 **8.6** (a) 11 T の磁場中で観測した $n = 0$ のランダウ準位のエネルギーをマップして得た Bi_2Se_3 のポテンシャル分布．(b) (a) に示した各点における微分コンダクタンススペクトル．

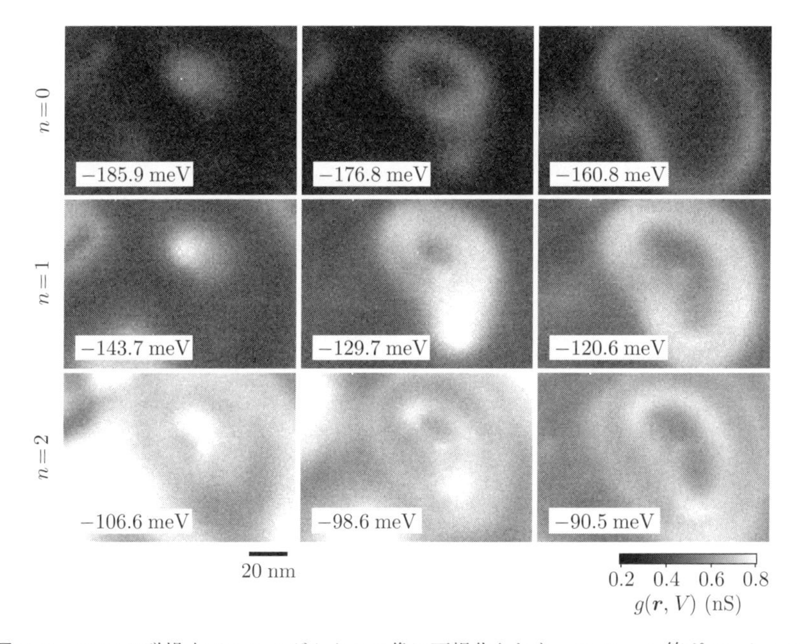

図 **8.7** 11 T の磁場中でのコンダクタンス像に可視化された，Bi_2Se_3 の等ポテンシャル線に沿ってドリフト運動するランダウ軌道．

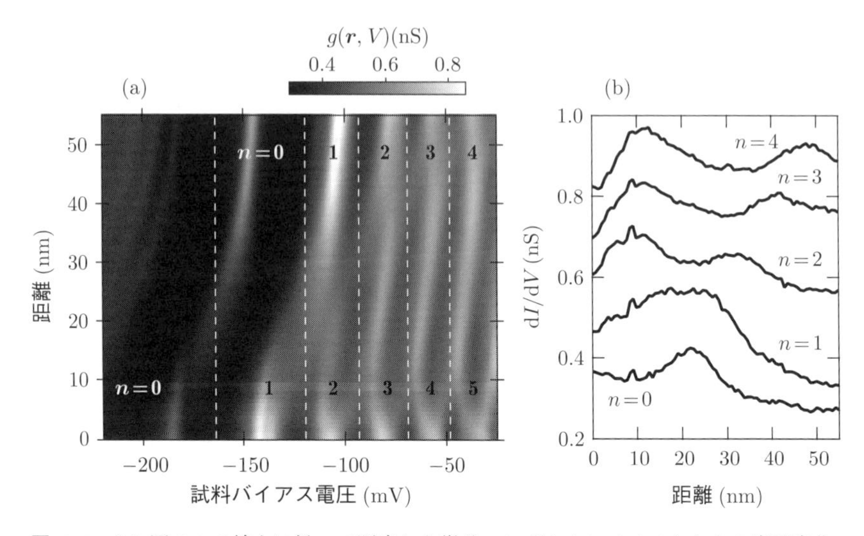

図 **8.8** (a) 図 8.6 の線上に沿って測定した微分コンダクタンススペクトルの空間変化. (b) (a) の縦破線に沿った微分コンダクタンスの距離依存性. 各指数 n のランダウ軌道の内部構造に対応する.

ことが期待され，実際にセシウムを蒸着した InSb 表面で観測されている [136]. ディラック電子の場合，ディラック点でバンドの反交差によるギャップ形成を起こさせないために，波動関数は必ず 2 成分をもつ．トポロジカル表面状態の場合，この 2 成分はスピン成分に対応し [3]，n 番目のランダウ準位の波動関数のスピン上向き成分は $|n|-1$ 個の，スピン下向き成分は $|n|$ 個の節をもっている [135]. SI-STM では，この 2 つの成分の寄与の足し合わせを観測するので，各成分の節が互いに埋められ，端部には両成分の足し合わせによる状態密度のピークが現れる．このため，動径方向に現れる状態密度のピークの数は，n によらず 2 個になる．このように，スピン成分ごとに異なった状態密度の空間分布が現れる現象は，非一様なポテンシャルがディラック電子の軌道運動に影響を与え，スピン軌道相互作用を通じて，不均一なスピン構造を生み出したものと解釈できる．図 8.6 の線上に沿って測定した，リングの動径方向の微分コンダクタンスの空間変化を図 8.8(a) に示す．図 8.8(b) は，図 8.8(a) の垂直方向

[3] グラフェンの場合，ハニカム格子を形成する 2 つの三角副格子の自由度が 2 成分に対応する.

の断面をとることで得た，各 n のリングの内部構造である．n の増加とともにリング幅は増大し，n によらずピークの数は 2 つであることがわかる．

8.2 超低温での SI-STM —マヨラナ束縛状態—

4.1 節で述べたように，SI-STM のエネルギー分解能は，温度によるブロードニングと微分コンダクタンス測定に伴うブロードニングで決まる．微分コンダクタンス測定に伴うブロードニングは，測定に用いるエネルギー幅を小さくすれば，原理的には小さくできるが[4)]，温度によるブロードニングを抑えるには温度を下げるしかない．このため，超低エネルギー現象の探索と解明において，超低温で SI-STM を行う意義は明らかである．ここでは，このような実験の例として，トポロジカル超伝導体の渦糸芯で実現すると期待されるマヨラナ束縛状態の研究に関して紹介する．トポロジカル超伝導とマヨラナ準粒子の詳細に関しては，文献 [137,138] などの総説を参照されたい．

8.2.1 マヨラナ準粒子とトポロジカル超伝導

マヨラナ粒子は，1937 年にエットーレ・マヨラナ (Ettore Majorana) によって理論的に導入された，粒子自身が反粒子である特異な粒子である [139]．素粒子としてのマヨラナ粒子は未だに見つかっていないが，量子スピン系や超伝導体を舞台として，マヨラナ粒子と同じ性質をもつ準粒子を固体中に実現するアイデアが近年提唱されている．マヨラナ準粒子は，外乱に強い量子計算の基本要素として用いることができるため，その実現が強く期待されている [137,138]．

粒子と反粒子が同じ状態であるということは，その状態はエネルギーがゼロで，電荷中性であることを意味する．電子とホールが半分ずつ重ね合わされた状態をゼロエネルギーに作り出すことができれば，これらの条件が満たされる．超伝導体中のボゴリューボフ準粒子は，電子とホールの重ね合わせなので，も

4) 変調法で微分コンダクタンス測定を行う場合，エネルギー分解能を倍にして同じ信号雑音比を確保するためには，積分時間は 4 倍にしなければならない．したがって，測定時間が限られている現実の実験では，エネルギー分解能をどこまでも上げられるわけではない．

し，ボゴリューボフ準粒子がゼロエネルギーに現れれば，それはマヨラナ準粒子として振る舞う可能性がある．

従来型 s 波でも非従来型 d 波でも，通常，超伝導体のボゴリューボフ準粒子は必ず有限のエネルギーをもち，そのままではマヨラナ準粒子にはならない．一方，クーパー対が有限の角運動量をもち，超伝導状態で時間反転対称性が自発的に破れるカイラル p 波とよばれる超伝導体では，マヨラナ準粒子が発現する可能性がある．これは，カイラル p 波超伝導の超伝導ギャップは，トポロジカル絶縁体のバンドギャップと同様にトポロジカルに非自明であることに由来する．トポロジカル絶縁体の境界にディラック電子が現れたように，カイラル p 波超伝導の境界には低エネルギー準粒子が現れる．この準粒子状態はエネルギーがゼロになることが可能で，マヨラナ準粒子として振る舞う．特に，磁場を印加して渦糸を導入すると，渦糸芯が一種の境界としてはたらき，そこにマヨラナ準粒子を束縛することができると理論的に予測されている [140,141]．

以上のように，マヨラナ準粒子を実現して利用するための処方箋は出来上がっているが，残念ながら，カイラル p 波超伝導を示すことが確立している物質は，現在のところ見つかっていない．しかし，実効的にカイラル p 波超伝導と同じ状態を人工的に作り出す方法が，リャン・フ（傅亮）とチャールズ・ルイス・ケイン (Charles Lewis Kane) によって提唱されている [142]．彼らによれば，トポロジカル絶縁体のスピン偏極した表面ディラック電子を超伝導状態にすることができれば，それはカイラル p 波超伝導と同様に振る舞い，渦糸芯にはマヨラナ束縛状態が期待される．表面ディラック電子を超伝導状態にするには，トポロジカル絶縁体表面に通常の s 波超伝導体を接合させ，超伝導近接効果を起こさせればよい．

より簡便な方法として，トポロジカルに非自明な半金属を利用する方法がある．トポロジカルに非自明な「ねじれた」バンドギャップがブリルアンゾーン内で大きな分散をもち，価電子帯の上端が伝導帯の底よりも高いエネルギーに来る場合，その物質は，トポロジカル表面状態をもつと同時に，バルクにキャリアをもつ半金属になる．もし，このようなトポロジカル半金属がバルクで超伝導体であれば，その表面のスピン偏極したディラック電子は，自己近接効果によって実効的なカイラル p 波超伝導を示すと期待される．このような超伝導トポロジカル半金属の候補物質には，$PbTaSe_2$ ($T_c \sim 3.8\,K$) [143]，$PdBi_2$ ($T_c \sim 5.4\,K$) [144] などが知られており，中でも第 7 章で解説した鉄系超伝導 FeSe のセレンをテルルで 50 ～ 60％ 置換した Fe(Se,Te) が，約 14.5 K の比較的高い T_c をもつことから注目されている [145–147]．テルルは周期表上でセレンの 1 つ下に位置するので，化学的には似た性質をもつが，セレンよりも大きくて重い．図 7.1(d) から示唆されるように，FeSe の層間の結合にはカルコゲンの p 軌道の重なりが関係している．セレンをより大きなテルルで置換すると，層間結合が強くなってカルコゲン p 軌道に由来するバンドの分散が大きくなり，鉄の d 軌道由来のバンドと交差するようになる．また，テルルはセレンより重いために，スピン軌道相互作用が強く，このようなバンド交差点にギャップが開き，結果として，トポロジカルに非自明なバンド構造が実現されるのである [145]．

8.2.2 渦糸芯マヨラナ束縛状態の検出

スピン偏極したディラック電子が表面に存在することが ARPES によって確認されているので，Fe(Se,Te) のバンド構造がトポロジカルに非自明であることは確立しているが [148]，実際に表面での渦糸芯にマヨラナ束縛状態が現れるかどうかは，ディラック点エネルギーとフェルミエネルギーの関係などに影響されるため [147]，実験で確認しなければならない．もし，渦糸芯にマヨラナ束縛状態が存在すれば，それは，微分コンダクタンススペクトルのゼロエネルギーピークとして観測されるはずである．しかし，現実には，正確にゼロエネルギーに現れるであろうマヨラナ束縛状態を，有限エネルギーの自明な準粒子状態と区別することは簡単ではない．

渦糸芯は，超伝導ギャップによって準粒子が閉じ込められている一種のポテンシャル井戸であり，束縛された準粒子のエネルギー E_μ^{v} は次のように量子化される [149]．

$$E_\mu^{\mathrm{v}} \sim \mu \frac{\Delta^2}{\epsilon_{\mathrm{F}}} \tag{8.5}$$

通常の渦糸芯では，量子数 μ は半整数 $(\pm 1/2, \pm 3/2, \pm 5/2, \cdots)$ であるが（図 8.9(a)），マヨラナ束縛状態が存在する渦糸芯では，μ は単なる整数となり [150]，$\mu = 0$ の状態がマヨラナ束縛状態に相当する（図 8.9(b)）．典型的な超伝導体で

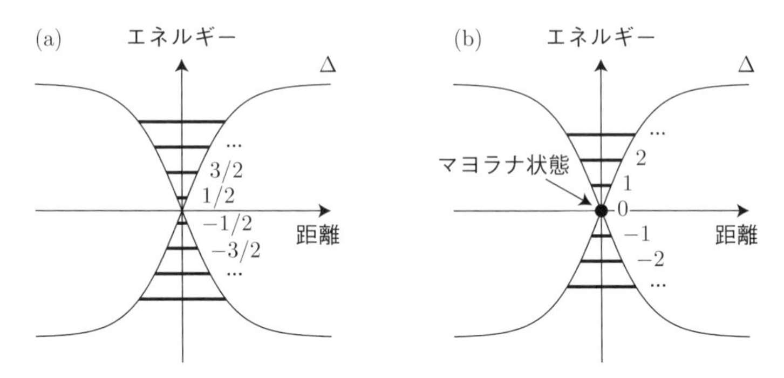

図 8.9　渦糸内に形成される離散的な束縛準位の模式図. (a) 半整数の量子数 μ をもつ通常の渦糸. エネルギーゼロの状態は存在しない. (b) $\mu = 0$ のマヨラナ束縛状態をもつトポロジカルな渦糸.

は超伝導ギャップが $\Delta \sim 1\,\mathrm{meV}$, フェルミエネルギーが $\epsilon_{\mathrm{F}} \sim 1\,\mathrm{eV}$ であるので, 離散エネルギー準位の間隔は 1 µeV 程度しかなく, 現在知られているどのような実験手法の分解能でも, 個々の準位を分離して検出することは不可能である. このような渦糸芯近傍でトンネル分光を行うと, 観測されるスペクトルは多数の準位からの寄与の重ね合わせになる. エネルギーの低い状態ほど渦糸芯の中心近くに存在するために, 渦糸芯中心でのスペクトルは, ゼロエネルギーにブロードなピークをもつ. マヨラナ束縛状態の有無を実験的に確立するためには, 厳密にゼロエネルギーに現れると期待されるマヨラナ束縛状態を, このような見かけのゼロエネルギーピークと明確に区別することが要求される.

Fe(Se,Te) は, 超伝導ギャップが 1.5 meV と比較的大きく, フェルミエネルギーが 10 ∼ 20 meV と異常に小さいために, 準位間隔は 100 µeV 程度以上になると期待される. このような状況であれば, トンネル分光で個々の準位を分離して観測できる可能性がある. 実際, ^{3}He 冷凍機で得られる 1 K 以下の低温において比較的鋭いゼロエネルギー状態が観測され, マヨラナ束縛状態の存在が示唆されている [151]. しかし, ここでのエネルギー分解能は約 250 µeV であり, より高いエネルギー分解能の実験が望ましい. ゼロエネルギー束縛状態を有限エネルギーの束縛状態から完全に分離して観測するためには, 数 10 µeV のエネルギー分解能が必要になる.

希釈冷凍機で得られる 100 mK 以下の超低温で実験すれば, 20 ∼ 30 µeV の

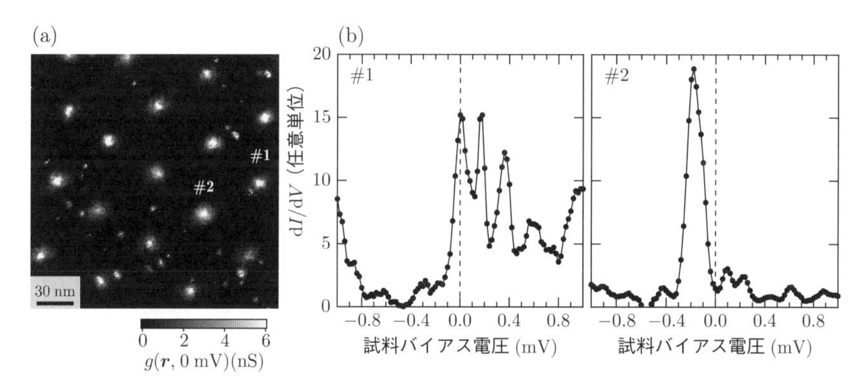

図 **8.10** (a) $FeSe_{0.4}Te_{0.6}$ の渦糸分布を示すフェルミエネルギーでの微分コンダクタンス像と，(b) 20 µeV のエネルギー分解能で測定した渦糸芯での微分コンダクタンススペクトル.

エネルギー分解能を達成できる．約 90 mK で行われた実験の結果を図 8.10 に示す [152]．#1 とラベルされた渦糸芯における微分コンダクタンススペクトルには，超伝導ギャップ内のエネルギーに，渦糸芯束縛状態の存在を示す多数のピーク構造が現れ，その中の 1 つは ±20 µeV の精度でゼロエネルギーにある．これは，Fe(Se,Te) で期待される最低の有限エネルギー束縛状態よりも十分に低いエネルギーであり，観測されたゼロエネルギーピークが，マヨラナ束縛状態由来であることが示唆される．

一方，渦糸芯#2 における微分コンダクタンススペクトルを見ると，すべてのピークは有限エネルギーにあり，ゼロエネルギー束縛状態は存在しない．すなわち，Fe(Se,Te) には，ゼロエネルギー束縛状態をもつ渦糸芯ともたない渦糸芯の 2 種類が存在することになる．このように性質の異なる渦糸芯が現れる原因としては，試料の不均一性がトポロジカルに自明な領域と非自明な領域を作り出し，その結果，マヨラナ束縛状態をもたない渦糸芯ともつ渦糸芯が現れる可能性がある．実際，原子半径の違いを利用して STM 像に現れるテルルとセレンの分布を可視化し，局所的な組成比を調べると，組成の不均一が存在する．もし，このような局所的性質が電子状態を支配しているのであれば，同じ場所に現れる渦糸芯のゼロエネルギー束縛状態の有無は，異なる磁場中であっても影響を受けないと考えられる．実際のデータでは，図 8.11 で印を付けた渦糸は

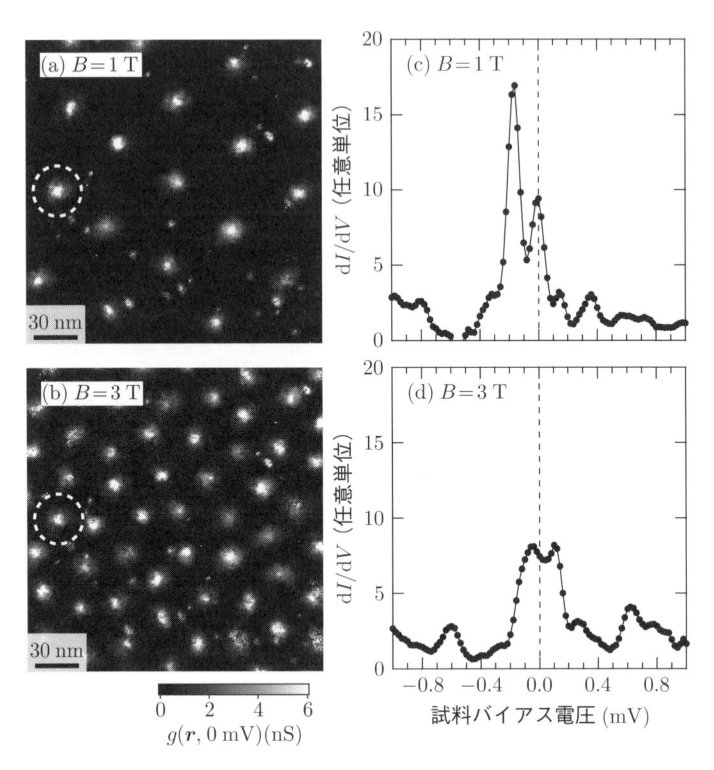

図 8.11　$FeSe_{0.4}Te_{0.6}$ の (a) 1 T と (b) 3 T の磁場中における微分コンダクタンス像．破線の丸で囲った渦糸は，異なる磁場で同じ場所に現れているが，渦糸芯での微分コンダクタンススペクトル (c), (d) は，異なる特徴を示す．

印加磁場 1 T と 3 T で同じ場所に現れ，そのスペクトルは磁場に依存している．したがって，ゼロエネルギー束縛状態の有無は，試料の局所的な性質ではなく，渦糸の密度などの非局所的な要因が決定していると結論される．

ゼロエネルギー束縛状態が磁場によってどのように影響されるのか，系統的に磁場を変化させて，様々なエネルギーにおける渦糸芯束縛状態の出現確率を調べた結果を図 8.12 に示す．ゼロエネルギー束縛状態が観測される確率は，1 T では 80 % 以上であり，有限エネルギーにおける束縛状態の出現確率より有意に高い．ゼロエネルギー束縛状態の出現確率は，印加磁場が高くなるほど小さくなり，6 T では有限エネルギーの束縛状態の出現確率と区別できないほど小さ

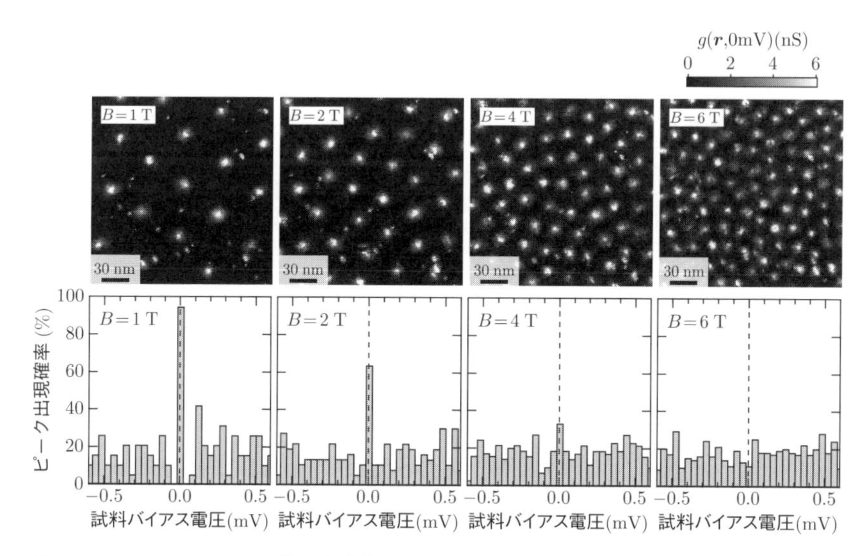

図 **8.12**　$FeSe_{0.4}Te_{0.6}$ の様々な磁場中における渦糸像（上段）と，各磁場でのエネルギーごとの束縛状態ピークの出現確率（下段）.

くなっている．この結果は，渦糸の密度，すなわち渦糸間の相互作用が，ゼロエネルギー束縛状態の有無に関係していることを示唆している．

このような磁場依存性は，観測されたゼロエネルギー束縛状態がマヨラナ束縛状態由来であるというモデルと矛盾しない [153]．マヨラナ束縛状態は，正確にゼロエネルギーに現れるが，他のマヨラナ束縛状態と相互作用すると，分子軌道における結合性状態・反結合性状態と同様，正負の有限エネルギーの状態に分裂する．このような描像をマヨラナ束縛状態をもつ多数の渦糸が作る格子に適用すると，磁場の印加とともに格子間隔が狭くなることでマヨラナ束縛状態間に相互作用が生まれ，ゼロエネルギーピークは消失すると考えられる．しかし，この描像だと，すべての渦糸芯で一斉にゼロエネルギー束縛状態が消失するはずであり，ゼロエネルギー束縛状態をもつ渦糸芯ともたない渦糸芯が現れるという観測結果は説明できない．図 8.12 に示すように，実際の渦糸格子は，完全に周期的ではなく乱れているので，乱れた渦糸格子に対して，マヨラナ束縛状態間の相互作用を取り入れたシミュレーションを行うと，磁場の増加とともにゼロエネルギー束縛状態をもつ渦糸の割合が減少するという観測結果を再現することができる [153]．この乱れた渦糸格子モデルが正しければ，試料の局所的性質の不均一性は，マヨラナ束縛状態に直接は影響を与えないが，渦糸ピン止め効果を通して渦糸の配置を乱すことによって，マヨラナ束縛状態間の相互作用を不均一にしていることになる．

以上のように，Fe(Se,Te) で観測されたゼロエネルギー束縛状態はマヨラナ束縛状態と矛盾しないが，実際の応用に向けた展開を図るためには，定性的にマヨラナ束縛状態でなければ説明できないような現象を探索し確立する必要がある．これまで，渦糸芯束縛状態の量子数が整数か半整数かを区別する実験 [150] や，ゼロエネルギー束縛状態に期待される量子化コンダクタンスの観測 [154] が試みられている．マヨラナ束縛状態を研究するための基盤となる材料として，Fe(Se,Te) は T_c が高い点では有利であるが，不均一性のために，結果の解釈がむずかしいという問題がある．今後，より制御された系におけるマヨラナ束縛状態の探索が必要である．

第9章 SI-STMの拡がり

SI-STM を用いることで，電子状態に関するどのような情報がどのように得られるのか，筆者等が行った研究を例に概観してきた．ここまで，観測量として，試料の局所状態密度を反映する微分コンダクタンスにのみ着目してきたが，様々な工夫によって，この他にも多くの情報をトンネル分光によって得ることが可能になる．本書を締めくくるにあたり，これらの技法と期待される今後の展開に関して簡単に紹介したい．

9.1 スピン敏感測定

STM を用いて，スピンに関する情報を得ることができる．基本原理は，いわゆるトンネル磁気抵抗効果と同じである．絶縁膜を挟んだ 2 つの強磁性体からなる素子を流れるトンネル電流を考えると，トンネル過程でスピン反転は起こらないので，強磁性体の磁化が同じ向きを向いているときは電流が大きく，反対向きの場合は小さい．この状況を STM のトンネル接合に当てはめると，トンネル電流を支配する探針先端がスピン偏極していて磁気モーメントをもつようにできれば，トンネル電流は試料表面の磁気構造を反映したものとなるであろう．この手法は，1990 年にローランド・ヴィーゼンダンガー (Roland Wiesendanger) 等が強磁性体である二酸化クロム探針を用いて，反強磁性体であるクロムの磁気構造を観測することで実証し，スピン偏極 STM とよばれている [155]．現在，スピン偏極 STM は，単一原子・分子や，原子スケールの磁気構造の観測など，局所磁性研究の様々な分野に応用されている [156]．

強磁性金属の探針は，それ自身が発生する磁場が試料表面のスピン構造を乱す可能性があるので，通常の STM で用いられるタングステンのような非磁性探針に，鉄やコバルトのような磁性元素を微量蒸着したものや，クロムのような反強磁性金属が探針として用いられることが多い．試料表面のスピンの向きや大きさを評価するためには，探針の磁気的性質をあらかじめ評価する必要がある．タングステンや貴金属表面上の磁性元素層，あるいはナノアイランドなど，磁気構造がわかっている表面を標準試料として用いることで，探針のスピンの方向に関する校正が可能である [156].

銅酸化物高温超伝導体における擬ギャップ相やマヨラナ束縛状態など，非自明な電子相や局所電子状態の解明にとって，局所状態密度に加えて磁気構造の情報を得ることは重要であり，スピン偏極 STM の利用が期待されている．しかし，これらの状態で期待されるスピン密度の空間変化やエネルギースケールは，現在スピン偏極 STM の主な研究対象となっている磁性体のものに比べてはるかに小さいと考えられるので，スピン感度やエネルギー分解能の向上が必要である．スピン偏極 STM のスピン感度は，探針のフェルミエネルギー近傍の状態密度のスピン偏極度で決まる．最近，超伝導体の磁性不純物近傍が作る，ユ (于)-斯波-ルシノフ (YSR) 状態を利用して，スピン感度を向上させる方法が提案されている [157]．YSR 状態は，磁性不純物が超伝導を局所的に破壊して超伝導ギャップ内に形成する束縛状態であり，完全にスピン偏極している．このため，超伝導体の先端に磁性元素を吸着したものを探針として使用すると，100％スピン偏極したトンネル電流を得ることができるので，試料表面のスピン偏極度の定量評価が可能になると考えられる．実際，反強磁性クロム探針よりも 1 桁程度高いスピン感度が得られている他 [157]，探針先端の YSR 状態が，磁性元素の吸着状態の詳細によらずに完全にスピン偏極していることが示唆されている [158]．YSR 状態は，超伝導ギャップ内に孤立した状態で，そのエネルギーが試料のフェルミエネルギーと一致したときだけトンネル電流に寄与する．したがって，YSR 状態の利用は，エネルギー分解能向上の観点からも有利である．

一方，スピン軌道相互作用が重要になる場合や，非共線的スピン構造をもつ物質では，スピン構造の情報が局所状態密度の空間変化に反映され，通常の非磁性探針でスピン構造の観察が可能になる場合がある．これらの効果はそれぞれ，異方的トンネル磁気抵抗 (tunneling anisotropic magneto resistance, TAMR)，非共線磁気抵抗 (non-collinear magneto resistance, NCMR) とよばれている [159]．TAMR や NCMR は，フェルミ面を形成する遍歴電子が磁性を担うような系で観測されているが，フェルミエネルギーにほとんど状態をもたない局在 $4f$ 電子が磁性を担うような系であっても，遍歴電子との間の交換相互作用を通して，局在 $4f$ 電子の磁気構造を観測できることがある [160]．スピンがすべての立体角を向くスキルミオンとよばれる渦巻き構造を示すことで知られる $GdRu_2Si_2$ はこのような物質で，磁性は Gd の局在 $4f$ 電子が担い，フェルミエネルギー近傍の遍歴電子は Ru の $4d$ 電子由来である．$GdRu_2Si_2$ の磁気構造は印加する磁場の増加とともに，1 次元的なスクリュー相，スキルミオン格子相，スピンの向きが磁場方向の限られた立体角に制限されるファン相，全スピンが磁場方向にそろったスピン偏極相へと変化することが知られている [161]．図 9.1 に示すように，これらの相に特徴的なスピンの超周期構造が，非磁性のタングステン探針を用いた SI-STM で観測されている [160]．

9.2 時間分解・時間ゆらぎ測定

通常の STM では，トンネル電流の直流成分にのみ着目するので，時間発展に関する情報は得られない．光学測定技術と組み合わせることによってこの欠点を克服し，系の過渡応答を STM によってとらえる試みがなされている [162]．用いられる技術は，時間分解光学測定で用いられるポンププローブ分光法である．光学測定では，ポンプ光のパルスを試料に入射し，それによって変化した反射率や透過率の変化を，ポンプ光から決まった時間だけ遅れて照射するプローブ光で検出する．STM で同様の測定を行うには，ポンプ光で変化した電子状態の変化を，トンネル電流の変化として検出する．しかし，ポンプ光照射後のトンネル電流変化を，直接時分割で計測することは不可能である．そこで，ポンプ光のパルスを一定の遅延時間をおいて 2 回照射し，時間平均したトンネル電流，すなわち直流成分が，遅延時間の関数としてどのように変化するか調べることで，系の過渡応答に関する情報を得る．すなわち，最初の光パルスによる

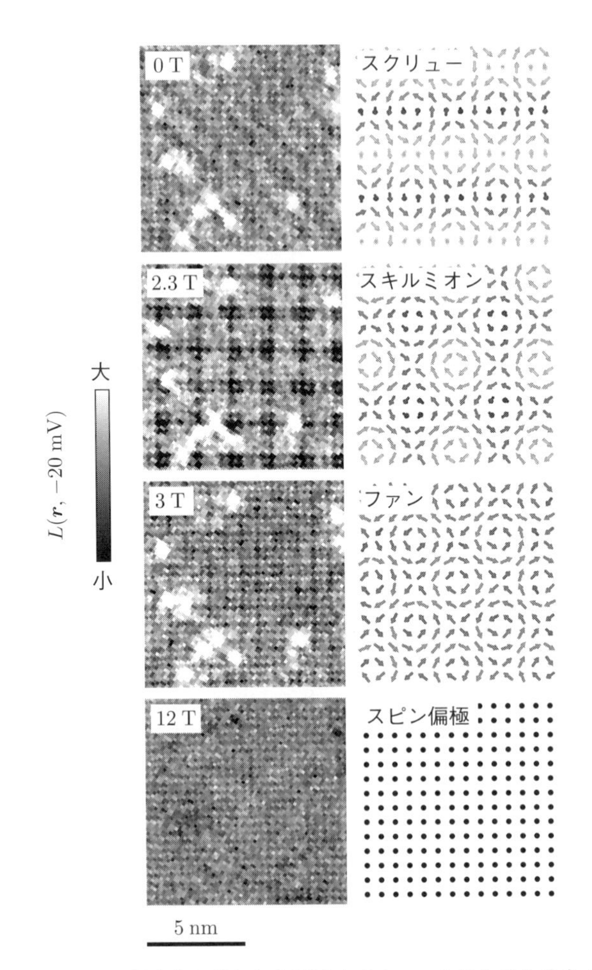

図 9.1　$GdRu_2Si_2$ の c 軸方向に印加した磁場中での 1.5 K における分光イメージング．左列は，様々な磁気相において観測された規格化コンダクタンス像を，右列は，それぞれの磁気相でのスピン構造モデルを示す．左列のカラースケールはコントラストが見やすいように，各磁場ごとに変えてある．左列の視野は，右列のそれに対して縦横方向とも約 2 倍である．モデル図の各スピンの濃淡はスピンの紙面垂直成分を示し，色が濃いものは手前，薄いものは奥を向いている．

影響が緩和する前に次の光パルスが照射された場合と，完全に緩和してから照射された場合に期待される平均トンネル電流の差から，時分割情報を得るのである．この方法によって，GaAs におけるキャリア再結合プロセスの時空間分解測定がピコ秒程度の時間分解能でなされている [163]．また，円偏光した光パルスを利用することで，スピン敏感な測定を行うことも可能であり，磁場中でラーモア歳差運動するスピンの時間発展が直接観測されている [164]．

光パルスではなく，STM のバイアス電圧をパルスとして与えることでポンププローブ測定を行うこともできる [165]．この場合も光パルスの場合と同様，ポンプパルスとプローブパルスの遅延時間を変化させ，時間平均したトンネル電流の変化を観測する．光パルスの場合，光を導入するために，熱輻射の影響を避けることがむずかしいが，電圧パルスの方式は電気信号だけで可能であるので，極低温での計測が可能である．この方式はスピン偏極 STM 技術との組合せで，単一原子のスピンダイナミクス計測に応用されている [165]．このような電圧パルスの形を制御してトンネル接合に印加することは高度な技術が必要であるため，時間分解能はナノ秒程度である．電圧パルスの代わりに，ピコ秒以下の幅をもつテラヘルツ電磁波をトンネル接合に照射する試みもなされている [166]．これらの時間分解測定技術を SI-STM と組み合わせ，たとえば超伝導を担うクーパー対形成の時空間ダイナミクスを調べることができれば，今後の物性解明の大きな武器になるものと期待される．

ポンププローブ法は，擾乱から系がどのように回復するかを調べるアクティブな方法であるのに対し，系に内在するゆらぎをトンネル電流のゆらぎとしてパッシブに検出する方法も試みられている．その代表的な手法がショット雑音の測定である．ショット雑音は，雨音のように離散的な担体が流れを形成する際に発生する雑音であり，電子が担う電流にも現れる．ショット雑音は，その強度が周波数に依存しない白色雑音で，スペクトル密度は電流担体のもつ電荷 q と電流 I を用いて $2qI$ で与えられる．したがって，ショット雑音の測定から，電流担体のもつ電荷に関する情報が得られ，たとえば分数量子ホール状態における分数電荷の直接検証に用いられた [167]．

この特徴を利用すると，たとえば銅酸化物高温超伝導体の擬ギャップ状態の電子が準粒子状態 $(q = e)$ なのか，クーパー対を組んでいる $(q = 2e)$ のか，といった興味深い情報が得られるであろう．しかし，通常の STM で用いる数 kHz の低周波領域では，$1/f$ 雑音のような他の雑音が支配的になるので，ショット雑音の測定を行うことがむずかしい．低温エレクトロニクス技術を利用して，低温STMユニットに近接して数MHzの周波数領域ではたらく狭帯域のアンプを設置し，ショット雑音を測定する実験が行われている [168,169]．これまで，超伝導ギャップ内のエネルギーで，クーパー対の形成によってショット雑音が倍になることが確認されている [170]．また，乱れた超伝導薄膜において，T_c 以上であってもクーパー対が形成されているという興味深い現象が見出されている [171]．低温アンプには，超伝導線を用いたインダクタが用いられているので，測定可能な最高温度が10 K程度に限られているが，今後，より高温での測定が可能になれば，ショット雑音測定による有効電荷評価以外にも様々なゆらぎを通した電子状態研究への展開が期待される．

9.3　SI-STMの課題

単に微分コンダクタンスのマッピングを行うSI-STMの技術はほぼ確立しており，今後は，スピン敏感測定や時間分解測定のように，トンネル電流の従来とは異なる側面に焦点を当てたイメージングによって，電子状態に関する新しい情報を得る技術の開発が進むと期待される．

より極限的な環境でSI-STMを行ったり，新奇な実験環境を実現したりする努力も必要である．低温・強磁場環境に関しては，一般的な希釈冷凍機と超伝導磁石の組合せで得られるパラメータ範囲はすでにほぼカバーされており，その拡大には飛躍的な技術の進歩が必要である．強磁場環境は，水冷常伝導磁石と超伝導磁石を組み合わせたハイブリッドマグネットを利用すれば，30 T級の高磁場でのSI-STMが可能になるが，水冷による振動の影響を取り除く除振技術や，マグネットコイル内側の限られた空間に挿入可能な超小型STMユニットの開発が待たれる．また，このような大型施設を利用する場合は，マシンタイムが限られるため，測定の高速化技術も必要になろう．スパースモデリングの手法を利用して，ソフトウェア的にSI-STMの測定時間を短縮する試みがなされている [172]．

SI-STMの新しい実験環境としては，最近，ゲート電圧の印加によるキャリア数の制御が一般的な技術になりつつある．ゲート電圧によるキャリア数制御は，捻りグラフェン [173, 174] に代表される剥離薄膜素子の電子状態制御には欠かせない．また，圧電素子を利用して一軸歪みを印加する実験がいくつか行われている [175]．一軸歪みは，鉄系超伝導体や様々な強相関電子系で観測されている電子状態の回転対称性の破れ，すなわち電子ネマティシティと直接結合するので，歪みの印加に伴う電子状態変化を調べることは重要であり，今後の展開が期待される．

測定対象の拡大も重要である．3.3.2 項で触れたように，薄膜のその場観察によって，SI-STM の対象となる物質や現象は拡大している．たとえば，本シリーズ第 30 巻「2 次元超伝導」[176] で詳述されているように，単原子層，あるいは数原子層の超薄膜における 2 次元超伝導の研究が盛んになってきている．よりボトムアップな試料の準備法として，原子操作の利用が今後期待される．STM 探針で表面に吸着された原子や分子を操作して，原子スケールの人工構造を作製することができる [177]．近年では，銅表面の一酸化炭素分子の配置を制御して，グラフェンと同様な電子状態を作り出したり [178]，ペンローズタイル型の格子のように，自然には存在しない電子状態を作り出したりすることが試みられている [179]．また，マヨラナ束縛状態が期待されるプラットフォームとして，超伝導体上に磁性原子の 1 次元鎖を作製し，実効的トポロジカル超伝導状態を作り出す研究が行われている [180]．これまで原子・分子操作で作り出された人工構造は，基本的には，理論モデルを検証するためのシミュレータであったが，強相関電子系のように，それ自身の電子状態が複雑な物質表面を基板として利用し，原子・分子でその表面を修飾すれば，基板物質単体では発現しないような新奇電子状態の創発も期待できるであろう．

動作原理が単純でユニットが小型であるという STM の特徴は，他の様々な技術との組合せを比較的容易にしている．ここで挙げた例以外にも，新奇な組合せや利用法が開発され，今後も物性物理学の拡がりに SI-STM が貢献することが期待される．

参考文献

[1] 高橋隆，佐藤宇史：「ARPESで探る固体の電子構造：高温超伝導体からトポロジカル絶縁体（基本法則から読み解く物理学最前線 16）」，共立出版 (2017)

[2] G. Binnig, H. Rohrer, Ch. Gerber, and E. Weibel: *Phys. Rev. Lett.*, **49**, 57 (1982)

[3] K. Takayanagi, Y. Tanishiro, S. Takahashi, and M. Takahashi: *Surf. Sci.*, **164**, 367 (1985)

[4] G. Binnig, H. Rohrer, Ch. Gerber, and E. Weibel: *Phys. Rev. Lett.*, **50**, 120 (1983)

[5] C. J. Chen: "Introduction to Scanning Tunneling Microscopy (*Monographs on the Physics and Chemistry of Materials*)", Oxford University Press, (2021)

[6] 重川秀実，吉村雅満，河津璋（編）：「走査プローブ顕微鏡：正しい実験とデータ解析のために必要なこと（実験物理科学シリーズ）」，共立出版 (2009)

[7] S. H. Pan, E. W. Hudson, and J. C. Davis: *Rev. Sci. Instrum.*, **70**, 1459 (1999)

[8] P. Gorla, C. Bucci, and S. Pirro: *Nucl. Instrum. Methods Phys. Res. A*, **520**, 641 (2004)

[9] T. Machida, Y. Kohsaka, and T. Hanaguri: *Rev. Sci. Instrum.*, **89**, 093707 (2018)

[10] Y. Kohsaka, C. Taylor, K. Fujita, A. Schmidt, C. Lupien, T. Hanaguri, M. Azuma, M. Takano, H. Eisaki, H. Takagi, S. Uchida, and J. C. Davis: *Science*, **315**, 1380 (2007)

[11] R. M. Feenstra, J. A. Stroscio, and A. P. Fein: *Surf. Sci.*, **181**, 295 (1987)

[12] Y. Hasegawa and Ph. Avouris: *Phys. Rev. Lett.*, **71**, 1071 (1993)

[13] M. F. Crommie, C. P. Lutz, and D. M. Eigler: *Nature*, **363**, 524 (1993)

[14] Chr. Wittneven, R. Dombrowski, M. Morgenstern, and R. Wiesendanger: *Phys. Rev. Lett.*, **81**, 5616 (1998)

[15] K. Kanisawa, M. J. Butcher, H. Yamaguchi, and Y. Hirayama: *Phys. Rev. Lett.*, **86**, 3384 (2001)

[16] J. E. Hoffman, K. McElroy, D. H. Lee, K. M. Lang, H. Eisaki, S. Uchida, and J. C. Davis: *Science*, **297**, 1148 (2002)

[17] T. Hanaguri, S. Niitaka, K. Kuroki, and H. Takagi: *Science*, **328**, 474 (2010)

[18] A. R. Schmidt, M. H. Hamidian, P. Wahl, F. Meier, A. V. Balatsky, J. D. Garrett, T. J. Williams, G. M. Luke, and J. C. Davis: *Nature*, **465**, 570 (2010)

[19] P. Aynajian, E. H. da Silva Neto, A. Gyenis, R. E. Baumbach, J. D. Thompson, Z. Fisk, E. D. Bauer, and A. Yazdani: *Nature*, **468**, 201 (2012)

[20] G. M. Rutter, J. N. Crain, N. P. Guisinger, T. Li, P. N. First, and J. A. Stroscio: *Science*, **317**, 219 (2007)

[21] T. Zhang, P. Cheng, X. Chen, J.-F. Jia, X. Ma, K. He, L. Wang, H. Zhang, X. Dai, Z. Fang, X. Xie, and Q. Xue: *Phys. Rev. Lett.*, **103**, 266803 (2009)

[22] P. Roushan, J. Seo, C. V. Parker, Y. S. Hor, D. Hsieh, D. Qian, A. Richardella, M. Z. Hasan, R. J. Cava, and A. Yazdani: *Nature*, **460**, 1106 (2009)

[23] L. Bürgi, O. Jeandupeux, H. Brune, and K. Kern: *Phys. Rev. Lett.*, **82**, 4516 (1999)

[24] T. Hanaguri, Y. Kohsaka, M. Ono, M. Maltseva, P. Coleman, I. Yamada, M. Azuma, M. Takano, K. Ohishi, and H. Takagi: *Science*, **323**, 923 (2009)

[25] S. Grothe, S. Johnston, Shun Chi, P. Dosanjh, S. A. Burke, and Y. Pennec: *Phys. Rev. Lett.*, **111**, 246804 (2013)

[26] J. I. Pascual, G. Bihlmayer, Yu. M. Koroteev, H.-P. Rust, G. Ceballos, M. Hansmann, K. Horn, E. V. Chulkov, S. Blügel, P. M. Echenique, and

Ph. Hofmann: *Phys. Rev. Lett.*, **93**, 196802 (2004)

[27] I. Zeljkovic, Y. Okada, C.-Y. Huang, R. Sankar, D. Walkup, W. Zhou, M. Serbyn, F. Chou, W. Tsai, H. Lin, A. Bansil, L. Fu, M. Z. Hasan, and V. Madhavan: *Nat. Phys.*, **10**, 572 (2014)

[28] I. Brihuega, P. Mallet, C. Bena, S. Bose, C. Michaelis, L. Vitali, F. Varchon, L. Magaud, K. Kern, and J. Y. Veuillen: *Phys. Rev. Lett.*, **101**, 206802 (2008)

[29] K. McElroy, G.-H. Gweon, S. Y. Zhou, J. Graf, S. Uchida, H. Eisaki, H. Takagi, T. Sasagawa, D.-H. Lee, and A. Lanzara: *Phys. Rev. Lett.*, **96**, 067005 (2006)

[30] U. Chatterjee, M. Shi, A. Kaminski, A. Kanigel, H. M. Fretwell, K. Terashima, T. Takahashi, S. Rosenkranz, Z. Z. Li, H. Raffy, A. Santander-Syro, K. Kadowaki, M. R. Norman, M. Randeria, and J. C. Campuzano: *Phys. Rev. Lett.*, **96**, 107006 (2006)

[31] A. M. Zagoskin: "*Quantum Theory of Many-Body Systems: Techniques and Application*", Springer (2014)

[32] C. J. Arguello, E. P. Rosenthal, E. F. Andrade, W. Jin, P. C. Yeh, N. Zaki, S. Jia, R. J. Cava, R. M. Fernandes, A. J. Millis, T. Valla, R. M. Osgood, and A. N. Pasupathy: *Phys. Rev. Lett.*, **114**, 037001 (2015)

[33] Q. Liu, X.-L. Qi, and S.-C. Zhang: *Phys. Rev. B*, **85**, 125314 (2012)

[34] W. Jolie, J. Lux, M. Pörtner, D. Dombrowski, C. Herbig, T. Knispel, S. Simon, T. Michely, A. Rosch, and C. Busse: *Phys. Rev. Lett.*, **120**, 106801 (2018)

[35] A. Stróżecka, A. Eiguren, and J. I. Pascual: *Phys. Rev. Lett.*, **107**, 186805 (2011)

[36] H. Beidenkopf, P. Roushan, J. Seo, L. Gorman, I. Drozdov, Y. S. Hor, R. J. Cava, and A. Yazdani: *Nat. Phys.*, **7**, 939 (2011)

[37] X. Zhou, C. Fang, W.-F. Tsai, and J. Hu: *Phys. Rev. B*, **80**, 245317 (2009)

[38] H.-M. Guo and M. Franz: *Phys. Rev. B*, **81**, 041102 (2010)

[39] Y. Kohsaka, T. Machida, K. Iwaya, M. Kanou, T. Hanaguri, and T. Sasagawa: *Phys. Rev. B*, **95**, 115307 (2017)

[40] 新田淳作，古賀貴亮：固体物理, **40**, 189 (2005)

[41] J. Sinova, S. O. Valenzuela, J. Wunderlich, C. H. Back, and T. Jungwirth: *Rev. Mod. Phys.*, **87**, 1213 (2015)

[42] K. Ishizaka, M. S. Bahramy, H. Murakawa, M. Sakano, T. Shimojima, T. Sonobe, K. Koizumi, S. Shin, H. Miyahara, A. Kimura, K. Miyamoto, T. Okuda, H. Namatame, M. Taniguchi, R. Arita, N. Nagaosa, K. Kobayashi, Y. Murakami, R. Kumai, Y. Kaneko, Y. Onose, and Y. Tokura: *Nat. Mater.*, **10**, 521 (2011)

[43] Y. Kohsaka, M. Kanou, H. Takagi, T. Hanaguri, and T. Sasagawa: *Phys. Rev. B*, **91**, 245312 (2015)

[44] K. Momma and F. Izumi: *J. Appl. Crystallogr.*, **44**, 1272 (2011), (2011)

[45] J. Bardeen, L. N. Cooper, and J. R. Schrieffer: *Phys. Rev.*, **108**, 1175 (1957)

[46] 小池洋二：「超伝導：直感的に理解する基礎から物質まで（物質・材料テキストシリーズ）」，内田老鶴圃 (2022)

[47] 楠瀬博明：「基礎からの超伝導：風変わりなペアを求めて」，講談社 (2022)

[48] 柳瀬陽一：物性研究, **97**, 824 (2012)

[49] 松田祐司：物性研究・電子版, **4**, 044205 (2015)

[50] A. J. Leggett：物性研究・電子版, **1**, 011201 (2012)

[51] H. F. Hess, R. B. Robinson, and J. V. Waszczak: *Phys. Rev. Lett.*, **64**, 2711 (1990)

[52] N. Hayashi, M. Ichioka, and K. Machida: *Phys. Rev. Lett.*, **77**, 4074 (1996)

[53] A. V. Balatsky, I. Vekhter, and J.-X. Zhu: *Rev. Mod. Phys.*, **78**, 373 (2006)

[54] J. G. Bednorz and K. A. Müller: *Z. Physik B*, **64**, 189 (1986)

[55] H. Takagi, S.-i. Uchida, K. Kitazawa, and S. Tanaka: *Jpn. J. Appl. Phys.*, **26**, L123 (1987)

[56] K. Kishio, K. Kitazawa, S. Kanbe, I. Yasuda, N. Sugii, H. Takagi, S.-i. Uchida, K. Fueki, and S. Tanaka: *Chem. Lett.*, **16**, 429 (1987)

[57] M. K. Wu, J. R. Ashburn, C. J. Torng, P. H. Hor, R. L. Meng, L. Gao, Z. J. Huang, Y. Q. Wang, and C. W. Chu: *Phys. Rev. Lett.*, **58**, 908

(1987)

[58] S. Hikami, T. Hirai, and S. Kagoshima: *Jpn. J. Appl. Phys.*, **26**, L314 (1987)

[59] A. Schilling, M. Cantoni, J. D. Guo, and H. R. Ott: *Nature*, **363**, 56 (1993)

[60] 立木昌，藤田敏三（編）：「高温超伝導の科学」，裳華房 (1999)

[61] B. Keimer, S. A. Kivelson, M. R. Norman, S. Uchida, and J. Zaanen: *Nature*, **518**, 179 (2015)

[62] A. P. Drozdov, M. I. Eremets, I. A. Troyan, V. Ksenofontov, and S.-i. Shylin: *Nature*, **525**, 73 (2015)

[63] 有田亮太郎：「高圧下水素化物の室温超伝導（基本法則から読み解く物理学最前線 26）」，共立出版 (2022)

[64] J. M. Tranquada, B. J. Sternlieb, J. D. Axe, Y. Nakamura, and S. Uchida: *Nature*, **375**, 561 (1995)

[65] A. Ino, C. Kim, M. Nakamura, T. Yoshida, T. Mizokawa, A. Fujimori, Z.-X. Shen, T. Kakeshita, H. Eisaki, and S. Uchida: *Phys. Rev. B*, **65**, 094504 (2002)

[66] J. A. Sobota, Y. He, and Z.-X. Shen: *Rev. Mod. Phys.*, **93**, 025006 (2021)

[67] C. C. Tsuei and J. R. Kirtley: *Rev. Mod. Phys.*, **72**, 969 (2000)

[68] Y. Kohsaka, M. Azuma, I. Yamada, T. Sasagawa, T. Hanaguri, M. Takano, and H. Takagi: *J. Am. Chem. Soc.*, **124**, 12275 (2002)

[69] N. Miyakawa, J. F. Zasadzinski, L. Ozyuzer, P. Guptasarma, D. G. Hinks, C. Kendziora, and K. E. Gray: *Phys. Rev. Lett.*, **83**, 1018 (1999)

[70] Ch. Renner, B. Revaz, J.-Y. Genoud, K. Kadowaki, and Ø. Fischer: *Phys. Rev. Lett.*, **80**, 149 (1998)

[71] K. McElroy, D.-H. Lee, J. E. Hoffman, K. M. Lang, J. Lee, E. W. Hudson, H. Eisaki, S. Uchida, and J. C. Davis: *Phys. Rev. Lett.*, **94**, 197005 (2005)

[72] T. Hanaguri, C. Lupien, Y. Kohsaka, D.-H. Lee, M. Azuma, M. and Takano, H. Takagi, and J. C. Davis: *Nature*, **430**, 1001 (2004)

[73] Y. Kohsaka, C. Taylor, K. Fujita, A. Schmidt, C. Lupien, T. Hanaguri, M. Azuma, M. Takano, H. Eisaki, H. Takagi, S. Uchida, and J. C. Davis:

Nature, **454**, 1072 (2008)

[74] Y. Kohsaka, T. Hanaguri, M. Azuma, M. Takano, J. C. Davis, and H. Takagi: *Nat. Phys.*, **8**, 534 (2012)

[75] Q.-H. Wang and D.-H. Lee: *Phys. Rev. B*, **67**, 020511 (2003)

[76] K. McElroy, R. W. Simmonds, J. E. Hoffman, D.-H. Lee, J. Orenstein, H. Eisaki, S. Uchida, and J. C. Davis: *Nature*, **422**, 592 (2003)

[77] K. Fujita, I. Grigorenko, J. Lee, W. Wang, J. X. Zhu, J. C. Davis, H. Eisaki, S. Uchida, and A. V. Balatsky: *Phys. Rev. B*, **78**, 054510 (2008)

[78] T. Hanaguri, Y. Kohsaka, J. C. Davis, C. Lupien, I. Yamada, M. Azuma, M. Takano, K. Ohishi, M. Ono, and H. Takagi: *Nat. Phys.*, **3**, 865 (2007)

[79] M. Oda, R. M. Dipasupil, N. Momono, and M. Ido: *J. Phys. Soc. Jpn.*, **69**, 983 (2000)

[80] M. Maltseva and P. Coleman: *Phys. Rev. B*, **80**, 144514 (2009)

[81] T. Pereg-Barnea and M. Franz: *Phys. Rev. B*, **78**, 020509 (2008)

[82] Y. Kamihara, H. Hiramatsu, M. Hirano, R. Kawamura, H. Yanagi, T. Kamiya, and H. Hosono: *J. Am. Chem. Soc.*, **128**, 10012 (2006)

[83] Y. Kamihara, T. Watanabe, M. Hirano, and H. Hosono: *J. Am. Chem. Soc.*, **130**, 3296 (2008)

[84] H. Takahashi, K. Igawa, K. Arii, Y. Kamihara, M. Hirano, and H. Hosono: *Nature*, **453**, 376 (2008)

[85] Z.-A. Ren, J. Yang, W. Lu, W. Yi, X.-L. Shen, Z.-C. Li, G.-C. Che, X.-L. Dong, L.-L. Sun, F. Zhou, and Z.-X Zhao: *Europhys. Lett.*, **82**, 57002 (2008)

[86] R. M. Fernandes, A. I. Coldea, H. Ding, I. R. Fisher, P. J. Hirschfeld, and G. Kotliar: *Nature*, **601**, 35 (2022)

[87] K. Kuroki, S. Onari, R. Arita, H. Usui, Y. Tanaka, H. Kontani, and H. Aoki: *Phys. Rev. Lett.*, **101**, 087004 (2008)

[88] L. Boeri, O. V. Dolgov, and A. A. Golubov: *Phys. Rev. Lett.*, **101**, 026403 (2008)

[89] I. I. Mazin, D. J. Singh, M. D. Johannes, and M. H. Du: *Phys. Rev. Lett.*, **101**, 057003 (2008)

[90] H. Kontani and S. Onari: *Phys. Rev. Lett.*, **104**, 157001 (2010)
[91] Y. Yanagi, Y. Yamakawa, and Y. Ōno: *Phys. Rev. B*, **81**, 054518 (2010)
[92] M. Yi, D. Lu, J.-H. Chu, J. G. Analytis, A. P. Sorini, A. F. Kemper, B. Moritz, S.-K. Mo, R. G. Moore, M. Hashimoto, W.-S. Lee, Z. Hussain, T. P. Devereaux, I. R. Fisher, and Z.-X. Shen: *Proc. Natl. Acad. Sci. USA*, **108**, 6878 (2011)
[93] 大成誠一郎，紺谷浩：日本物理学会誌, **68**, 231 (2013)
[94] R. M. Fernandes, A. V. Chubukov, and J. Schmalian: *Nat. Phys.*, **10**, 97 (2014)
[95] T. Shibauchi, T. Hanaguri, and Y. Matsuda: *J. Phys. Soc. Jpn.*, **89**, 102002 (2020)
[96] T. Hanaguri, K. Kitagawa, K. Matsubayashi, Y. Mazaki, Y. Uwatoko, and H. Takagi: *Phys. Rev. B*, **85**, 214505 (2012)
[97] S. Chi, S. Grothe, R. Liang, P. Dosanjh, W. N. Hardy, S. A. Burke, D. A. Bonn, and Y. Pennec: *Phys. Rev. Lett.*, **109**, 087002 (2012)
[98] C.-L. Song, Y.-L. Wang, P. Cheng, Y.-P. Jiang, W. Li, T. Zhang, Z. Li, K. He, L. Wang, J.-F. Jia, H.-H. Hung, C. Wu, X. Ma, X. Chen, and Q.-K. Xue: *Science*, **332**, 1410 (2011)
[99] K. Kuroki, H. Usui, S. Onari, R. Arita, and H. Aoki: *Phys. Rev. B*, **79**, 224511 (2009)
[100] T. Saito, S. Onari, and H. Kontani: *Phys. Rev. B*, **88**, 045115 (2013)
[101] Y. Qiu, W. Bao, Y. Zhao, C. Broholm, V. Stanev, Z. Tesanovic, Y. C. Gasparovic, S. Chang, J. Hu, B. Qian, M. Fang, and Z. Mao: *Phys. Rev. Lett.*, **103**, 067008 (2009)
[102] Y. Yamakawa and H. Kontani: *Phys. Rev. B*, **92**, 045124 (2015)
[103] S. Onari, H. Kontani, and M. Sato: *Phys. Rev. B*, **81**, 060504 (2010)
[104] P. J. Hirschfeld, D. Altenfeld, I. Eremin, and I. I. Mazin: *Phys. Rev. B*, **92**, 184513 (2015)
[105] S. Chi, W. N. Hardy, R. Liang, P. Dosanjh, P. Wahl, S. A. Burke, and D. A. Bonn: *arXiv:1710.09088*, (2017)
[106] S. Chi, W. N. Hardy, R. Liang, P. Dosanjh, P. Wahl, S. A. Burke, and D. A. Bonn: *arXiv:1710.09089*, (2017)

[107] T.-M. Chuang, M. P. Allan, J. Lee, Y. Xie, N. Ni, S. L. Bud'ko, G. S. Boebinger, P. C. Canfield, and J. C. Davis: *Science*, **327**, 181 (2010)

[108] E. P. Rosenthal, E. F. Andrade, C. J. Arguello, R. M. Fernandes, L. Y. Xing, X. C. Wang, C. Q. Jin, A. J. Millis, and A. N. Pasupathy: *Nat. Phys.*, **10**, 225 (2014)

[109] T. Watashige, Y. Tsutsumi, T. Hanaguri, Y. Kohsaka, S. Kasahara, A. Furusaki, M. Sigrist, C. Meingast, T. Wolf, H. v. Löhneysen, T. Shibauchi, and Y. Matsuda: *Phys. Rev. X*, **5**, 031022 (2015)

[110] S. Kasahara, T. Watashige, T. Hanaguri, Y. Kohsaka, T. Yamashita, Y. Shimoyama, Y. Mizukami, R. Endo, H. Ikeda, K. Aoyama, T. Terashima, S. Uji, T. Wolf, H. v. Löhneysen, T. Shibauchi, and Y. Matsuda: *Proc. Natl. Acad. Sci. USA*, **111**, 16309 (2014)

[111] T. Hanaguri, K. Iwaya, Y. Kohsaka, T. Machida, T. Watashige, S. Kasahara, T. Shibauchi, and Y. Matsuda: *Sci. Adv.*, **4**, eaar6419 (2018)

[112] Y. Suzuki, T. Shimojima, T. Sonobe, A. Nakamura, M. Sakano, H. Tsuji, J. Omachi, K. Yoshioka, M. Kuwata-Gonokami, T. Watashige, R. Kobayashi, S. Kasahara, T. Shibauchi, Y. Matsuda, Y. Yamakawa, H. Kontani, and K. Ishizaka: *Phys. Rev. B*, **92**, 205117 (2015)

[113] L. C. Rhodes, M. D. Watson, T. K. Kim, and M. Eschrig: *Phys. Rev. Lett.*, **123**, 216404 (2019)

[114] C. A. Marques, M. S. Bahramy, C. Trainer, I. Marković, M. D. Watson, F. Mazzola, A. Rajan, T. D. Raub, P. D. C. King, and P. Wahl: *Nat. Commun.*, **12**, 6739 (2021)

[115] S. Hosoi, K. Matsuura, K. Ishida, H. Wang, Y. Mizukami, T. Watashige, S. Kasahara, Y. Matsuda, and T. Shibauchi: *Proc. Natl. Acad. Sci. USA*, **113**, 8139 (2016)

[116] Y. Sato, S. Kasahara, T. Taniguchi, X. Xing, Y. Kasahara, Y. Tokiwa, Y. Yamakawa, H. Kontani, T. Shibauchi, and Y. Matsuda: *Proc. Natl. Acad. Sci. USA*, **115**, 1227 (2018)

[117] D. F. Agterberg, P. M. R. Brydon, and C. Timm: *Phys. Rev. Lett.*, **118**, 127001 (2017)

[118] C. Setty, S. Bhattacharyya, Y. Cao, A. Kreisel, and P. J. Hirschfeld: *Nat.*

Commun., **11**, 523 (2020)

[119] C. L. Kane and E. J. Mele: *Phys. Rev. Lett.*, **95**, 146802 (2005)

[120] B. A. Bernevig and S.-C. Zhang: *Phys. Rev. Lett.*, **96**, 106802 (2006)

[121] 齊藤英治, 村上修一：「スピン流とトポロジカル絶縁体：量子物性とスピントロニクスの発展（基本法則から読み解く物理学最前線 1）」, 共立出版 (2014)

[122] 安藤陽一：「トポロジカル絶縁体入門（KS 物理専門書）」, 講談社 (2014)

[123] 野村健太郎：「トポロジカル絶縁体・超伝導体（現代理論物理学シリーズ 6）」, 丸善出版 (2016)

[124] L. Fu and C. L. Kane: *Phys. Rev. B*, **76**, 045302 (2007)

[125] L. Fu: *Phys. Rev. Lett.*, **106**, 106802 (2011)

[126] B. A. Bernevig, T. L. Hughes, and S.-C. Zhang: *Science*, **314**, 1757 (2006)

[127] M. König, S. Wiedmann, C. Brüne, A. Roth, H. Buhmann, L. W. Molenkamp, X.-L. Qi, and S.-C. Zhang: *Science*, **318**, 766 (2007)

[128] D. Hsieh, D. Qian, L. Wray, Y. Xia, Y. S. Hor, R. J. Cava, and M. Z. Hasan: *Nature*, **452**, 970 (2008)

[129] D. Hsieh, Y. Xia, L. Wray, D. Qian, A. Pal, J. H. Dil, J. Osterwalder, F. Meier, G. Bihlmayer, C. L. Kane, Y. S. Hor, R. J. Cava, and M. Z. Hasan: *Science*, **323**, 919 (2009)

[130] Y. Xia, D. Qian, D. Hsieh, L. Wray, A. Pal, H. Lin, A. Bansil, D. Grauer, Y. S. Hor, R. J. Cava, and M. Z. Hasan: *Nat. Phys.*, **5**, 398 (2009)

[131] Y. Zheng and T. Ando: *Phys. Rev. B*, **65**, 245420 (2002)

[132] G. Li, A. Luican, and E. Y. Andrei: *Phys. Rev. Lett.*, **102**, 176804 (2009)

[133] T. Hanaguri, K. Igarashi, M. Kawamura, H. Takagi, and T. Sasagawa: *Phys. Rev. B*, **82**, 081305 (2010)

[134] K. Hashimoto, C. Sohrmann, J. Wiebe, T. Inaoka, F. Meier, Y. Hirayama, R. A. Römer, R. Wiesendanger, and M. Morgenstern: *Phys. Rev. Lett.*, **101**, 256802 (2008)

[135] Y.-S. Fu, M. Kawamura, K. Igarashi, H. Takagi, T. Hanaguri, and T. Sasagawa: *Nat. Phys.*, **10**, 815 (2014)

[136] K. Hashimoto, T. Champel, S. Florens, C. Sohrmann, J. Wiebe, Y. Hirayama, R. A. Römer, R. Wiesendanger, and M. Morgenstern: *Phys.*

Rev. Lett., **109**, 116805 (2012)

[137] C. Nayak, S. H. Simon, A. Stern, M. Freedman, and S. Das Sarma: *Rev. Mod. Phys.*, **80**, 1083 (2008)

[138] M. Sato and Y. Ando: *Rep. Prog. Phys.*, **80**, 076501 (2017)

[139] M. Ettore: *Il Nuovo Cimento*, **14**, 171 (1937)

[140] N. Read and D. Green: *Phys. Rev. B*, **61**, 10267 (2000)

[141] D. A. Ivanov: *Phys. Rev. Lett.*, **86**, 268 (2001)

[142] L. Fu and C. L. Kane: *Phys. Rev. Lett.*, **100**, 096407 (2008)

[143] S.-Y. Guan, P.-J. Chen, M.-W. Chu, R. Sankar, F. Chou, H.-T. Jeng, C.-S. Chang, and T.-M. Chuang: *Sci. Adv.*, **2**, e1600894 (2016)

[144] K. Iwaya, Y. Kohsaka, K. Okawa, T. Machida, M. S. Bahramy, T. Hanaguri, and T. Sasagawa: *Nat. Commun.*, **8**, 976 (2017)

[145] Z. Wang, P. Zhang, G. Xu, L. K. Zeng, H. Miao, X. Xu, T. Qian, H. Weng, P. Richard, A. V. Fedorov, H. Ding, X. Dai, and Z. Fang: *Phys. Rev. B*, **92**, 115119 (2015)

[146] X. Wu, S. Qin, Y. Liang, H. Fan, and J. Hu: *Phys. Rev. B*, **93**, 115129 (2016)

[147] G. Xu, B. Lian, P. Tang, X.-L. Qi, and S.-C. Zhang: *Phys. Rev. Lett.*, **117**, 047001 (2016)

[148] P. Zhang, K. Yaji, T. Hashimoto, Y. Ota, T. Kondo, K. Okazaki, Z. Wang, J. Wen, G. D. Gu, H. Ding, and S. Shin: *Science*, **360**, 182 (2018)

[149] C. Caroli, P. G. De Gennes, and J. Matricon: *Phys. Lett.*, **9**, 307 (1964)

[150] L. Kong, S. Zhu, M. Papaj, H. Chen, L. Cao, H. Isobe, Y. Xing, W. Liu, D. Wang, P. Fan, Y. Sun, S. Du, J. Schneeloch, R. Zhong, G. Gu, L. Fu, H.-J. Gao, and H. Ding: *Nat. Phys.*, **15**, 1181 (2019)

[151] D. Wang, L. Kong, P. Fan, H. Chen, S. Zhu, W. Liu, L. Cao, Y. Sun, S. Du, J. Schneeloch, R. Zhong, G. Gu, L. Fu, H. Ding, and H.-J. Gao: *Science*, **362**, 333 (2018)

[152] T. Machida, Y. Sun, S. Pyon, S. Takeda, Y. Kohsaka, T. Hanaguri, T. Sasagawa, and T. Tamegai: *Nat. Mater.*, **18**, 811 (2019)

[153] C.-K. Chiu, T. Machida, Y. Huang, T. Hanaguri, and F.-C. Zhang: *Sci.*

Adv., **6**, eaay0443 (2020)

[154] S. Zhu, L. Kong, L. Cao, H. Chen, M. Papaj, S. Du, Y. Xing, W. Liu, D. Wang, C. Shen, F. Yang, J. Schneeloch, R. Zhong, G. Gu, L. Fu, Y.-Y. Zhang, H. Ding, and H.-J. Gao: *Science*, **367**, 189 (2020)

[155] R. Wiesendanger, H.-J. Güntherodt, G. Güntherodt, R. J. Gambino, and R. Ruf: *Phys. Rev. Lett.*, **65**, 247 (1990)

[156] R. Wiesendanger: *Rev. Mod. Phys.*, **81**, 1495 (2009)

[157] L. Schneider, P. Beck, J. Wiebe, and R. Wiesendanger: *Sci. Adv.*, **7**, eabd7302 (2021)

[158] T. Machida, Y. Nagai, and T. Hanaguri: *Phys. Rev. Research*, **4**, 033182 (2022)

[159] C. Hanneken, F. Otte, A. Kubetzka, B. Dupé, N. Romming, K. von Bergmann, R. Wiesendanger, and S. Heinze: *Nat. Nanotechnol.*, **10**, 1039 (2015)

[160] Y. Yasui, C. J. Butler, N. D. Khanh, S. Hayami, T. Nomoto, T. Hanaguri, Y. Motome, R. Arita, T.-h. Arima, Y. Tokura, and S. Seki: *Nat. Commun.*, **11**, 5925 (2020)

[161] N. D. Khanh, T. Nakajima, X. Yu, S. Gao, K. Shibata, M. Hirschberger, Y. Yamasaki, H. Sagayama, H. Nakao, L. Peng, K. Nakajima, R. Takagi, T.-h. Arima, Y. Tokura, and S. Seki: *Nat. Nanotechnol.*, **15**, 444 (2020)

[162] 重川秀実，吉田昭二，武内修：日本物理学会誌, **73**, 314 (2018)

[163] Y. Terada, S. Yoshida, O. Takeuchi, and H. Shigekawa: *Nat. Photonics*, **4**, 869 (2010)

[164] S. Yoshida, Y. Aizawa, Z.-h. Wang, R. Oshima, Y. Mera, E. Matsuyama, H. Oigawa, O. Takeuchi, and H. Shigekawa: *Nat. Nanotechnol.*, **9**, 588 (2014)

[165] S. Loth, M. Etzkorn, C. P. Lutz, D. M. Eigler, and A. J. Heinrich: *Science*, **329**, 1628 (2010)

[166] T. Tachizaki, K. Hayashi, Y. Kanemitsu, and H. Hirori: *APL Materials*, **9**, 060903 (2021)

[167] L. Saminadayar, D. C. Glattli, Y. Jin, and B. Etienne: *Phys. Rev. Lett.*, **79**, 2526 (1997)

[168] F. Massee, Q. Dong, A. Cavanna, Y. Jin, and M. Aprili: *Rev. Sci. Instrum.*, **89**, 093708 (2018)

[169] K. M. Bastiaans, T. Benschop, D. Chatzopoulos, D. Cho, Q. Dong, Y. Jin, and M. P. Allan: *Rev. Sci. Instrum.*, **89**, 093709 (2018)

[170] K. M. Bastiaans, D. Cho, D. Chatzopoulos, M. Leeuwenhoek, C. Koks, and M. P. Allan: *Phys. Rev. B*, **100**, 104506 (2019)

[171] K. M. Bastiaans, D. Chatzopoulos, J.-F. Ge, D. Cho, W. O. Tromp, J. M. van Ruitenbeek, M. H. Fischer, P. J. de Visser, D. J. Thoen, E. F. C. Driessen, T. M. Klapwijk, and M. P. Allan: *Science*, **374**, 608 (2021)

[172] Y. Nakanishi-Ohno, M. Haze, Y. Yoshida, K. Hukushima, Y. Hasegawa, and M. Okada: *J. Phys. Soc. Jpn.*, **85**, 093702 (2016)

[173] Y. Cao, V. Fatemi, S. Fang, K. Watanabe, T. Taniguchi, E. Kaxiras, and P. Jarillo-Herrero: *Nature*, **556**, 43 (2018)

[174] Y. Cao, V. Fatemi, A. Demir, S. Fang, S. L. Tomarken, J. Y. Luo, J. D. Sanchez-Yamagishi, K. Watanabe, T. Taniguchi, E. Kaxiras, R. C. Ashoori, and P. Jarillo-Herrero: *Nature*, **556**, 80 (2018)

[175] D. Edelberg, H. Kumar, V. Shenoy, H. Ochoa, and A. N. Pasupathy: *Nat. Phys.*, **16**, 1097 (2020)

[176] 内橋隆：「2 次元超伝導: 表面界面と原子層を舞台として（基本法則から読み解く物理学最前線 30）」, 共立出版 (2022)

[177] D. M. Eigler and E. K. Schweizer: *Nature*, **344**, 9524 (1990)

[178] K. K. Gomes, W. Mar, W. Ko, F. Guinea, and H. C. Manoharan: *Nature*, **483**, 306 (2012)

[179] L. C. Collins, T. G. Witte, R. Silverman, D. B. Green, and K. K. Gomes: *Nat. Commun.*, **8**, 15961 (2017)

[180] L. Schneider, P. Beck, T. Posske, D. Crawford, E. Mascot, S. Rachel, R. Wiesendanger, and J. Wiebe: *Nat. Phys.*, **17**, 943 (2021)

索　引

英数字

あ

か

さ

た

な

は

ま

ら

MEMO

MEMO

MEMO

MEMO

著者紹介

花栗哲郎（はなぐり てつお）

1993年　東北大学 大学院工学研究科 応用物理学専攻 博士課程修了
1993年　東京大学 教養学部 基礎科学科第一 助手
1999年　東京大学 大学院新領域創成科学研究科 物質系専攻 助教授
2004年　理化学研究所 磁性研究室 先任研究員
2013年－現在　理化学研究所 創発物性計測研究チーム チームリーダー，博士（工学）
専　門　低温物性実験

幸坂祐生（こうさか ゆうき）

2004年　東京大学 大学院新領域創成科学研究科 物質系専攻 博士後期課程修了
2004年　コーネル大学 原子固体物理研究所 日本学術振興会特別研究員 PD
2005年　コーネル大学 原子固体物理研究所 博士研究員
2007年　理化学研究所 高木磁性研究室 基礎科学特別研究員
2010年　理化学研究所 無機電子複雑系研究チーム 基幹研究所研究員
2013年　理化学研究所 創発物性計測研究チーム 上級研究員
2022年－現在　京都大学 大学院理学研究科 物理学・宇宙物理学専攻 教授，博士（科学）
専　門　低温物性実験

基本法則から読み解く 物理学最前線 32

分光イメージング
走査型トンネル顕微鏡

Spectroscopic-Imaging
Scanning Tunneling Microscopy

2023年12月15日　初版1刷発行

著　者　花栗哲郎・幸坂祐生　© 2023

監　修　須藤彰三
　　　　岡　真

発行者　南條光章

発行所　**共立出版株式会社**

東京都文京区小日向 4-6-19
電話　03-3947-2511（代表）
郵便番号　112-0006
振替口座　00110-2-57035
www.kyoritsu-pub.co.jp

印　刷
製　本　藤原印刷

一般社団法人
自然科学書協会
会員

検印廃止
NDC 549.97, 427.45

ISBN 978-4-320-03552-2

Printed in Japan